水泥生产工国家职业技能培训教材

水泥制成工

中国水泥协会 指导修订
山东硅酸盐学会 编 著

中国建材工业出版社

图书在版编目（CIP）数据

水泥制成工 / 山东硅酸盐学会编著. --北京 ：中国建材工业出版社，2021.1
水泥生产工国家职业技能培训教材
ISBN 978-7-5160-2990-9

Ⅰ.①水… Ⅱ.①山… Ⅲ.①水泥－生产工艺－技术培训－教材 Ⅳ.①TQ172.6

中国版本图书馆 CIP 数据核字（2020）第 122736 号

水泥制成工
Shuini Zhichenggong
中国水泥协会　指导修订
山东硅酸盐学会　编　著

出版发行：中国建材工业出版社
地　　址：北京市海淀区三里河路 1 号
邮　　编：100044
经　　销：全国各地新华书店
印　　刷：北京雁林吉兆印刷有限公司
开　　本：710mm×1000mm　1/16
印　　张：11.5
字　　数：220 千字
版　　次：2021 年 1 月第 1 版
印　　次：2021 年 1 月第 1 次
定　　价：58.00 元

本社网址：www. jccbs. com，微信公众号：zgjcgycbs

《水泥生产工国家职业技能培训教材》编委会

《水泥制成工》

主　　编　孙建成

副 主 编　祝尊峰　魏锦强

序

《水泥生产工国家职业技能培训教材》编写组邀请我为修订后的丛书写序。盛情难却，特为教材的修订再版谈点自己的看法和愿望。

孔子曰：“工欲善其事，必先利其器。”员工作为企业最基本的单元，是企业发展的基础。优秀企业必须要有优秀的员工，优秀的员工必须要具备优秀的素质和技能。高水平的技能培训教材，是培养高水平员工的前提。为适应我国水泥行业的发展，2006 年由中国水泥协会、山东硅酸盐学会共同组织编写，中国建材工业出版社出版了《水泥行业职业技能培训教材》，面向全国发行。教材共 4 本：《水泥中央控制室操作员》《水泥生产工（上册）》《水泥生产工（下册）》《水泥检验工》，对应国家劳动和社会保障部 4 个国家职业标准。教材出版后，对水泥行业职业技能培训起到了积极的作用，业内反映良好，教材先后加印了 6 次。

国家人力资源和社会保障部于 2020 年初颁布实施新的《水泥生产工国家职业技能标准》。新标准将水泥生产工分为 6 个工种：水泥生料制备工、水泥熟料煅烧工、水泥制成工、水泥生产中控员、水泥生产巡检工、水泥质检员。原有教材内容已不适应行业职业教育培训和职业技能鉴定工作要求，因此教材修订再版成为当务之急。

山东硅酸盐学会组织中国联合水泥集团有限公司、山东山水水泥集团有限公司、华新水泥股份有限公司、济南大学等单位专家，经 8 次座谈讨论修改，于 2019 年 12 月完成了《水泥生产工国家职业技能培训教材》修订和专家审定工作。本版教材的编委会成员、各册主编、副主编和编写人员来自于各大院校、大企业，从事教学研究、技术管理工作多年，具有雄厚的理论基础和丰富的现场经验，为顺利修订教材奠定坚实基础。修订后的教材亦由原来的 4 册变为 6 册，由中国建材工业出版社出版发行。

新修订出版的《水泥生产工国家职业技能培训教材》，必将为水泥行业开展的岗位技能培训、提高职工技术素质起到积极的推动作用，为助力水泥行业的创新发展做出新的更大的贡献，这应该是我和全体参与修订人员的愿望。

孔祥忠

二〇二〇年十月

前　言

为了规范水泥行业职业技能培训和鉴定工作，不断提高职工技术水平，山东硅酸盐学会于2006年组织有关单位编写了《水泥行业职业技能培训教材》。中国建材工业出版社于2006年11月出版，面向全国发行。教材出版后，业内反映良好，多次加印，对水泥行业职业技能培训起到积极的推动作用。

2006年版教材出版至今已逾14年。期间我国水泥行业设备更新换代加快，新技术不断得到采用：水泥窑协同处置废弃物、余热发电、生料采用立式磨（窑磨一体化）等，且部分国家标准、行业标准亦不断调整更新，原有教材内容已不适应行业发展的需要。应中国建材工业出版社的要求，教材修订再版提上日程。

教材修订期间，适逢国家人力资源和社会保障部部署国家职业技能标准制定修订工作。其中，《水泥生产工》国家职业技能标准制定工作由中国水泥协会和山东硅酸盐学会共同承担并完成。为此，制定《水泥生产工》国家职业技能标准与修订水泥培训教材有机结合，同期进行。《水泥生产工》国家职业技能标准由国家人力资源和社会保障部于2020年3月30日颁布执行，修订后的教材亦可即时出版发行。

按照《水泥生产工》国家职业技能标准的规定，教材更名为《水泥生产工国家职业技能培训教材》。在中国水泥协会指导和大力支持下，山东硅酸盐学会具体组织了教材修订工作。中国硅酸盐学会、中国建筑材料联合会培训中心支持并参与教材修订工作。按照工种设置，修订后教材共6册：《水泥生料制备工》《水泥熟料煅烧工》《水泥制成工》《水泥生产中控员》《水泥生产巡检工》《水泥质检员》。

教材以新型干法水泥生产工艺为主，兼顾其他生产工艺，涵盖水泥生产的全过程，采用问答方式，按照水泥从业人员初级（《水泥生产中控员》《水泥质检员》未设初级）、中级、高级、技师、高级技师的不同技能要求，提出问题，给出答案，着重解决生产中的实际问题。教材基本体例不变，仍然采用问答方式，按照水泥从业人员初级、中级、高级、技师、高级技师不同技能要求编排。在内容上，教材注重岗位要求的基本生产技术知识，重点侧重解决实际问题。

教材主要适用于水泥行业开展职业教育培训和职业技能鉴定工作，亦可为从事水泥科研、生产、设计、教学、管理的相关人员阅读和参考。

参加修订的有中国联合水泥集团有限公司、山东山水水泥集团有限公司、金隅冀东（唐山）水泥有限责任公司、济南大学、国家水泥质量监督检验中心、尧柏特种水泥集团、云南祥云县建材（集团）有限责任公司、泰安中意粉体热工研究院等单位。

各册主要修订人员如下：

《水泥生料制备工》：张传行、刘永杰、李保明、吕鹏、李培荣

《水泥熟料煅烧工》：安宝军、孙文博、孙冠枫、党同辉、韩文贤

《水泥制成工》：林道同、孙国良、梁学文、戴爱生

《水泥生产中控员》：刘浩堂、朱先锋、许艳赏、徐相斌

《水泥生产巡检工》：刘洪波、孙绪元、张志奇、仪洪杰、史成新

《水泥质检员》：杨柳、林盼盼、马传杰、周斌

孔祥忠同志对教材修订工作给予指导；王郁涛同志参与了教材修订组织工作；彭建同志具体组织教材修订工作；王郁涛、辛生业、陈绍龙、彭宝利同志对教材修订稿进行审定；刘捷、李江、刘艳、王新路、冯富宁、陆继刚、张庆华、张丽梅、王发印、许林舟、范永斌、肖琼、李永胜、赛同达、王东胜、李继顺等同志参与教材修订相关工作。在此对上述同志付出的辛勤劳动一并表示感谢！

由于编著水平所限，教材难免存在疏漏和错误之处，恳请广大读者提出批评和建议，使教材不断完善。

编著者

2020年10月

目　　录

1 水泥生产基本知识

1.1 水泥生产工艺基本知识

1. 我国水泥如何定义和分类

根据国家标准《水泥的命名原则和术语》（GB/T 4131—2014），水泥的定义是：一种细磨材料，与水混合成塑性浆体后，能在空气中水化硬化，并能在水中继续硬化保持强度和体积稳定性的无机水硬性胶凝材料。

水泥按其用途和性能分为通用水泥和特种水泥。通用水泥是一般土木建筑工程采用的水泥；特种水泥是具有特殊性能或用途的水泥。

水泥按其水硬性矿物名称主要分为硅酸盐水泥、铝酸盐水泥、硫铝酸盐水泥、铁铝酸盐水泥、氟铝酸盐水泥。

2. 什么是通用硅酸盐水泥

根据国家标准《通用硅酸盐水泥》（GB 175—2007），通用硅酸盐水泥的定义是：以硅酸盐水泥熟料和适量的石膏及规定的混合材料制成的水硬性胶凝材料。

通用硅酸盐水泥包括硅酸盐水泥、普通硅酸盐水泥、矿渣硅酸盐水泥、火山灰质硅酸盐水泥、粉煤灰硅酸盐水泥和复合硅酸盐水泥六大品种。

3. 我国通用硅酸盐水泥不同品种水泥的强度等级有哪些

国家标准《通用硅酸盐水泥》（GB 175—2007）第 3 号修改单规定，2019 年 10 月 1 日起，不同品种水泥的强度等级是：硅酸盐水泥有 42.5、42.5R、52.5、52.5R、62.5、62.5R；普通硅酸盐水泥为 42.5、42.5R、52.5、52.5R；矿渣硅酸盐水泥、火山灰质硅酸盐水泥、粉煤灰硅酸盐水泥为 32.5、32.5R、42.5、42.5R、52.5、52.5R；复合硅酸盐水泥为 42.5、42.5R、52.5、52.5R。

4. 国家标准对硅酸盐水泥有什么规定

国家标准《通用硅酸盐水泥》（GB 175—2007）规定：水泥组分中，硅酸盐熟料加石膏的含量占总量的 100%，称其为硅酸盐水泥（P·Ⅰ）；硅酸盐熟料加石膏的含量大于或等于总量的 95%，称其为硅酸盐水泥（P·Ⅱ），其中小于或等于 5%的混合材料只能是矿渣或者是石灰石。

5. 国家标准对普通硅酸盐水泥有什么规定

国家标准《通用硅酸盐水泥》（GB 175—2007）规定：水泥组分中，硅酸盐熟料加石膏的含量小于总量的95%、大于或等于总量的80%，称其为普通硅酸盐水泥，简称普硅水泥（P·O）。

6. 国家标准对矿渣硅酸盐水泥有什么规定

国家标准《通用硅酸盐水泥》（GB 175—2007）规定：水泥组分中，混合材料是粒化高炉矿渣（简称矿渣）；其硅酸盐熟料加石膏的含量小于总量的80%、大于或等于总量的50%，即矿渣的掺加量大于20%、小于或等于50%，称之为A型矿渣硅酸盐水泥，简称A型矿渣水泥（P·S·A）；其硅酸盐熟料加石膏的含量小于总量的50%、大于或等于总量的30%，即矿渣的掺加量大于50%、小于或等于70%，称之为B型矿渣硅酸盐水泥，简称B型矿渣水泥（P·S·B）。

7. 国家标准对火山灰质硅酸盐水泥有什么规定

国家标准《通用硅酸盐水泥》（GB 175—2007）规定：水泥组分中掺入的是火山灰质混合材料；其硅酸盐熟料加石膏的含量小于总量的80%、大于或等于总量的60%，即火山灰质混合材料的掺加量大于20%、小于或等于40%，称之为火山灰质硅酸盐水泥，简称火山灰水泥（P·P）。

8. 国家标准对粉煤灰硅酸盐水泥有什么规定

国家标准《通用硅酸盐水泥》（GB 175—2007）规定：水泥组分中，混合材料是粉煤灰；其硅酸盐熟料加石膏的含量小于总量的80%、大于或等于总量的60%，即粉煤灰的掺加量大于20%、小于或等于40%，称之为粉煤灰硅酸盐水泥，简称粉煤灰水泥（P·F）。

9. 国家标准对复合硅酸盐水泥有什么规定

国家标准《通用硅酸盐水泥》（GB 175—2007）规定：水泥组分中，可以掺入两种或两种以上的混合材料；其硅酸盐熟料加石膏的含量小于总量的80%、大于或等于总量的50%，即混合材料的掺入总量大于20%、小于或等于50%，称之为复合硅酸盐水泥，简称复合水泥（P·C）。

10. 通用硅酸盐水泥代号后边数字和R是什么含义

通用硅酸盐水泥代号后边数字标示该水泥产品的强度等级，R表示该水泥是早强型水泥。如P·C 42.5R的含义是：早强型42.5级复合硅酸盐水泥，其3d抗压强度大于19MPa，28d抗压强度大于42.5MPa。

11. 生产水泥的主要原料有哪些

生产水泥的原料主要有：

（1）石灰质原料：以提供氧化钙为主，如石灰石、大理石、方解石、泥灰岩等。

（2）黏土质原料：以提供氧化硅、氧化铝以及少量氧化铁为主，如黏土、黄土、红土、页岩、砂岩、河泥等。

(3) 校正原料。以补充某些不足化学成分为主，如铁质校正原料（铁粉、硫铁渣、黄铁矿等）；硅质校正原料（硅藻土、蛋白石、砂岩等）；铝质校正原料（炉渣、煤矸石、钒土等）。

12. 生产水泥的主要燃料有哪些

生产水泥的主要燃料有固体燃料、液体燃料和气体燃料；目前我国主要使用固体燃料烟煤，热值要求≥23000kJ/kg（5500kcal/kg）、挥发分≥18%、灰分≤28%。

13. 为什么把水泥生产过程简称为“两磨一烧”

因为水泥生产过程分为3个阶段，即石灰质原料、黏土质原料以及少量的校正原料，经破碎或烘干后，按一定比例配合、磨细，并制备为成分合适、质量均匀的“生料”，称之为第一阶段，即生料粉磨；然后将生料加入水泥窑中煅烧至部分熔融，得到以硅酸钙为主要成分的“熟料”，称之为第二阶段，即熟料煅烧；熟料加入适量的石膏，有时还加入一些混合材料，共同磨细为“水泥”，称之为第三阶段，即水泥粉磨。所以，行业内习惯把水泥生产过程简称为“两磨一烧”。

14. 什么是水泥混合材料，生产水泥掺加混合材料有什么作用

在水泥生产过程中，为改善水泥性能、调节水泥产品的强度等级，而加到水泥中的矿物质材料，称之为水泥混合材料（简称混合材）。

在水泥中掺加混合材料不仅可以调节水泥强度等级与品种，增加水泥产量，降低生产成本，而且在一定程度上改善水泥的某些性能，满足建筑工程中对水泥的特殊技术要求。此外，还可以综合利用大量工业废渣，具有环保、节能和废弃物资源化的重要意义。

15. 粉磨水泥时为什么要掺加一定量的石膏

因为石膏的主要作用是：作为缓凝剂，可以调节水泥的凝结时间，以方便进行现场施工。同时，加入适量石膏，还可以起硫酸盐激发作用、改善水泥的某些性能，满足工程需要。

16. 硅酸盐水泥熟料的化学成分是什么，含量各占多少

硅酸盐水泥熟料的化学成分主要有氧化钙（CaO）、二氧化硅（SiO_2）、三氧化二铝（Al_2O_3）及三氧化二铁（Fe_2O_3）4种氧化物；它们的总和占熟料成分的95%以上，其中，CaO占62%～67%；SiO_2占20%～24%；Al_2O_3占4%～7%；Fe_2O_3占2%～6%。

17. 硅酸盐水泥熟料的矿物组成是什么

在水泥熟料中，氧化物不是以单独的形式存在，而是以两种或两种以上氧化

物反应生成各种矿物的形式存在。其主要矿物有 4 种：

（1）硅酸三钙，简写为 C_3S，通常含量为 40%～60%；

（2）硅酸二钙，简写为 C_2S，通常含量为 20%～33%；

（3）铝酸三钙，简写为 C_3A，通常含量为 4%～7%；

（4）铁铝酸四钙，简写为 C_4AF，通常含量为 13%～20%。

前两种又称为硅酸盐矿物，是水泥水化后强度的主要来源，占熟料组成总量的 70%～75%；后两种统称为熔剂矿物，影响水泥的凝结时间和性能，占熟料组成总量的 19%～25%。

18. 下列水泥生产工艺中的专业术语是什么含义

（1）强度：水泥硬化后，承受外力破坏的能力，称之为强度；根据受力形式的不同，水泥强度表示通常用抗压、抗折两种。计量单位为 MPa（兆帕）（$1MPa=1N/mm^2$）。

（2）强度等级：在国家标准《通用硅酸盐水泥》（GB 175—2007）实施后，由于检验方法的改变，水泥的强度值有所改变；为了区别于原国家标准（GB 175—1992）的“水泥标号”，直接用 28d 的抗压强度来表示水泥的质量等级，称之为强度等级。

国家标准规定：某一强度等级的水泥，除了达到表示该等级规定的强度值外，还要根据标准要求，达到相应其他龄期规定的强度值（各龄期的抗折、抗压强度值）；否则，就只能降低一个强度等级或为不合格水泥。

（3）安定性：全称为体积安定性。水泥凝结硬化后体积变化的均匀性称之为安定性。

水泥在凝结硬化后，因内部化学反应产生局部膨胀，而导致水泥石结构的破坏，就是体积安定性不良。

（4）游离氧化钙：硅酸盐水泥熟料中，没有被化合、以游离状态存在的氧化钙称为游离氧化钙（f-CaO）。它是熟料中影响水泥质量的有害成分，超过一定数量后会引起水泥安定性不合格。

（5）初凝时间：水泥从加水搅拌起，到水泥浆开始失去可塑性的时间。

（6）终凝时间：水泥从加水搅拌起，到水泥浆体完全失去可塑性并开始产生强度的时间。

（7）料耗：每生产 1t 熟料所需要消耗生料的量。如预分解窑生产 1t 熟料需要 1.55t 生料，则称之为预分解窑熟料料耗为 1.55t 生料/t 熟料。

（8）热耗：每生产 1kg 熟料所需要消耗的热量，单位是千焦/千克熟料（kJ/kg 熟料）。我国水泥企业俗称大卡/千克熟料或千卡/千克熟料（kcal/kg），1kJ/kg＝4.18kcal/kg。

（9）煤耗：每生产 1t 熟料所需要消耗的燃煤量。煤耗分为标准煤耗和实物煤耗；以完全燃烧 1kg 煤放出热量为 29260kJ（7000kcal）的煤定义为标准煤，一般煤炭没有这样的高发热量。实际使用的煤称为实物煤，为了对比交流方便，常把实物煤换算成标准煤再计算煤耗。其计量单位是 kg 标煤/t 熟料。

（10）电耗：每生产 1t 成品或半成品所消耗的电量。其计量单位是千瓦时/吨（kW·h/t）。

（11）烧失量：烧失量又称灼减量，即将被测定样品在（950±25)℃的高温炉中灼烧所排出的结晶水、碳酸盐分解出的 CO_2、硫酸盐分解出的 SO_2、有机杂质、可燃物等被燃尽或排除后所损失的质量百分比。如国家标准《通用硅酸盐水泥》（GB 175—2007）规定普通硅酸盐水泥中的烧失量要≤5.0%。

水泥熟料的烧失量是衡量熟料质量好坏的一个重要指标，烧失量高说明窑内物料化学反应不完全，还有一部分碳酸钙或煤粒没有分解或燃尽，更有一部分碳酸钙虽已分解，但来不及继续烧成熟料。

（12）率值：表示生料或熟料中 4 种氧化物相对含量的比率系数。在水泥生产中，我国常用的率值有 3 个系数，分别为：

1）石灰饱和系数，简称为饱和比（KH）；

2）硅酸率，简称为硅率（SM 或 n）；

3）铝氧率，简称为铝率或铁率（IM 或 p）。

19. 水泥企业的生产规模怎么表示

水泥企业的生产规模常用两种形式表示：

（1）完整的水泥生产线和熟料生产基地，以烧成车间回转窑每天的熟料生产能力表示，如 5000t/d 的含义是：该企业具备每天生产 5000t 水泥熟料的生产规模，也就是每年的生产能力可以达到 200 万 t 水泥。

（2）水泥粉磨站则是以年产水泥的生产能力来表示，如年产 100 万 t 水泥的粉磨站。

20. 通用硅酸盐水泥的水化过程分为哪几个阶段

通用硅酸盐水泥的水化过程分为 3 个阶段：

（1）溶解阶段：当水泥与水接触后，颗粒表面开始水化，生成少量水化产物，并立即溶解在水中。暴露出来的新表面，使水化作用继续进行，直至生成水化产物的饱和溶液为止。

（2）胶化阶段：由于溶液饱和，继续水化的产物不能再溶解，而直接以胶体颗粒析出。随着水化产物的增多，水化物聚集，水泥浆逐渐失去可塑性，产生了凝结现象。

（3）结晶阶段：由微观晶体组成的胶体并不稳定，能够逐渐再结晶，生成宏观晶体，使水泥浆硬化体的机械强度不断提高，最终成为具有一定机械强度的水泥石。

21. 水泥的强度是怎样产生的

水泥加水拌和后，熟料矿物迅速水化，生成大量的水化产物水化铝酸钙（C-A-H）、水化硅酸钙（C-S-H）凝胶，并生成 $Ca(OH)_2$ 溶液；水化产物水化铝酸钙与石膏中的硫酸钙（$CaSO_4$）反应生成三硫型的钙矾石（AFt）晶体。经过一定时间以后，C-S-H 也以长纤维晶体从熟料颗粒上长出，同时钙矾石晶体逐渐长大，它们在水泥浆体中相互交织联结，形成网状结构；随着水化的进一步进行，水化产物数量不断增加，晶体尺寸不断长大，从而使硬化浆体结构更为致密，形成了水泥石，强度越来越高。

22. 在水泥工业中物料颗粒的大小如何表示

在水泥工业中常用 4 种方法表示物料颗粒的大小：平均粒径法、筛析法、比表面积法和颗粒组成法。

23. 用平均粒径法如何表示物料颗粒大小

表示物料颗粒大小的平均尺寸称为平均粒径。利用各种仪器、量具来进行多方位的测试，再将其测量结果进行数学处理，就可以得到各种表达形式的平均粒径。水泥厂最常用的是算术平均粒径。对单颗粒物料进行三维方向（长、宽、高）测量，其结果加起来除以 3，得到的商值就代表该物料的平均粒径。

24. 用筛析法如何表示物料颗粒大小

水泥生产中，用某一尺寸孔径的筛网来分析物料颗粒大小的方法称为筛析法。用它表示物料的颗粒大小常有两种形式：筛余百分数和当量粒径。

筛余百分数是指某一粉状物料在经过取样、筛析后，筛余量（留在筛面上的物料量，又称筛上量）占物料筛析总量的百分数，标记为 $R=n\%$，以此来代表这些粉状物料的颗粒大小。筛孔尺寸写在 R 的右下角，筛余百分数的数值写在％的前面。如水泥细度 $R_{0.045}=10\%$，它的含义是用 0.045mm 方孔筛对水泥筛析后，筛余是 10％。

当量粒径是指某一堆物料（颗粒群）中有 80％的物料能通过某一孔径的筛网，则可以用该筛网的筛孔尺寸作为当量径来代表这堆物料的平均粒径，标记为 d_{80}，如入磨物料粒度 $d_{80}=20mm$ 的含义是这一堆物料中有 80％都小于 20mm。

25. 用比表面积法如何表示物料颗粒大小

单位质量物料的总表面积称为比表面积。其计量单位是 m^2/kg，主要用于成品水泥的细度检验。如国家标准《通用硅酸盐水泥》（GB 175—2007）规定：硅酸盐水泥和普通硅酸盐水泥的细度以比表面积表示，不小于 $300m^2/kg$。

水泥产品的比表面积用勃氏透气仪来测定，物料的比表面积数值越大，表示物料越细；反之，数值越小，物料越粗。

26. 用颗粒组成法如何表示物料颗粒大小

在水泥工业中，对一堆物料（颗粒群）用连续、分区间的尺寸范围的百分含量，来表示各种颗粒大小的方法称为颗粒组成法（其结果又称为颗粒级配或粒径分布）。水泥产品的颗粒组成常用激光颗粒分析仪来测定，其结果以列表法、数学方程式或坐标图线3种形式来进行表示。

27. 国家标准中为什么要限制水泥产品中的氯离子含量

由于钢筋锈蚀是混凝土破坏的重要形式之一，而氯离子是混凝土中钢筋锈蚀的重要因素。因此，国家标准《通用硅酸盐水泥》（GB 175—2007）中规定水泥产品中氯离子含量应≤0.06%，这充分体现出水泥行业对混凝土质量保证的承诺和责任心。

28. 国家标准中为什么要限制水泥产品的碱含量

碱含量就是水泥中碱物质（NaOH、KOH）的含量。碱含量主要从水泥生产原材料带入，尤其是黏土。碱含量高，使水泥凝结时间缩短、早期强度提高，而后期强度降低；碱含量对减水剂的影响较大，碱含量越高，混凝土流动性越小。

碱含量高，还会引起水泥混凝土产生碱-骨料反应，即来自水泥、外加剂、环境中的碱在水化过程中析出NaOH和KOH，与骨料（指砂、石）中活性SiO_2相互作用，形成碱的硅酸盐凝胶体，致使混凝土发生体积膨胀呈蛛网状龟裂，导致工程结构的破坏。

所以，国家标准《通用硅酸盐水泥》（GB 175—2007）规定：水泥中碱含量按$Na_2O+0.658K_2O$计算值表示。若使用活性骨料，用户要求提供低碱水泥时，水泥中的碱含量应不大于0.60%或由买卖双方协商确定。

29. 什么是新时代的“工匠精神”

“工匠精神”原来是指工匠（技术工人）对自己的产品精雕细琢，精益求精、更完美的精神理念。党的十九大提出了新时代的“工匠精神”具有新的内涵，主要包括爱岗敬业的职业精神、精益求精的品质精神、协作共进的团队精神、追求卓越的创新精神这4个方面的内容。其中，爱岗敬业的职业精神是根本，精益求精的品质精神是核心，协作共进的团队精神是重点，追求卓越的创新精神是灵魂。

30. 什么是产能过剩

产能过剩就是指生产能力的总和大于消费能力的总和。产能就是生产能力，它包括现有生产能力、在建生产能力和拟建生产能力的总和。产能过剩可以体现在3个方面：一是产品价格相对下滑；二是企业盈利能力大幅度下滑，亏损企业增加；三是行业供给超过行业需求。

我国还没有对产能过剩的科学评价标准。欧美等国家一般用产能利用率或设备利用率作为产能是否过剩的评价指标。设备利用率的正常值在79%～83%，若设备开工低于79%，则说明可能存在产能过剩的现象。

31. 什么是水泥企业错峰生产

错峰生产通常是指在我国北方地区冬季采暖期内，为避免污染物叠加排放，水泥企业停窑，在春季采暖结束后再开窑生产的运行机制。错峰生产的执行，不但对提高当地空气质量做出了贡献，更对水泥行业压减产能、提升效益起到了一定的作用。

32. 什么是水泥窑协同处置固危废弃物

水泥窑协同处置是水泥工业提出的一种新的废弃物处置手段，它是指将满足或经过预处理后满足入窑要求的固体废物投入水泥窑，在进行水泥熟料生产的同时实现对固体废物的无害化处置过程。水泥窑具有高温煅烧和强碱性气氛等独特的先天优势，利用水泥窑协同处置各类废弃物，能有效抑制处置过程中二次污染物的产生。

水泥窑协同处置可用于处理危险废物、生活垃圾（包括废塑料、废橡胶、废纸、废轮胎等）、城市和工业污水处理污泥、动植物加工废物、受污染土壤、应急事件废物等固体废物。但是，放射性废物、爆炸物及反应性废物、未经拆解的废电池、废家用电器和电子产品、含汞的温度计、血压计、荧光灯管和开关、铬渣等重金属、未知特性和未经鉴定的废物禁止入窑进行协同处置，详见国家标准《水泥窑协同处置固体废物污染控制标准》（GB 30485—2013）。

33. 什么是节能减排

节能减排就是节约能源、降低能源消耗、减少污染物排放。节能减排包括节能和减排两大技术领域，二者既有联系又有区别。减排项目必须加强节能技术及设备的应用，以避免因片面追求减排结果而造成的能耗增加，注重经济效益、社会效益和环境效益均衡。

34. 什么是水泥生产余热发电

新型干法水泥生产企业中，由窑头熟料冷却机和窑尾预热器排出的废气温度在350℃左右，其热能大约为水泥熟料烧成系统热耗的35%；将排放到大气中的废气余热进行回收发电，称之为低温余热发电，可使水泥企业能源利用率提高到95%以上，已经成为水泥行业发展的一种趋势，也完全符合国家产业政策。

35. 《打赢蓝天保卫战三年行动计划》的内容有哪些

打赢蓝天保卫战是党的十九大做出的重大决策部署，事关满足人民日益增长的美好生活需要，事关全面建成小康社会，事关经济高质量发展和美丽中国建设。为加快改善环境空气质量，2018年6月27日国务院制定了《打赢蓝天保卫战三年行动计划》：经过三年努力，大幅减少主要大气污染物排放总量，协同减少温室气体排放，进一步明显降低细颗粒物（$PM_{2.5}$）浓度，明显减少重污染天数，明显改善环境空气质量，明显增强人民的蓝天幸福感。倡导全社会“同呼吸共奋斗”，动员社会各方力量，群防群治，打赢蓝天保卫战。鼓励公众通过多种渠道举报环境违法行为。树立绿色消费理念，积极推进绿色采购，倡导绿色低碳生活方式。强化企业治污主体责任，中央企业起模范带头作用，引导绿色生产。

1.2 水泥生产机械基本知识

36. 钳工常用的工具、量具及设备有哪些

钳工常用的工具、量具及设备有手锤、手锯、錾子、扳手、划规、钢板尺、游标卡尺、钳台、台虎钳、砂轮机、台钻、立钻等。

37. 常用的铰刀有哪几种

常用的铰刀有 3 种：

（1）整体式圆柱铰刀（分为机用和手用两种）；

（2）锥铰刀；

（3）可调式手铰刀（活络铰刀）。

38. 常用刮刀的分类及作用分别是什么

刮刀是刮削的主要工具，一般选用 T12A 高碳工具钢制作刮刀。

根据工件不同的刮削表面，刮刀可以分为平刮刀、三角刮刀和月牙形刮刀三大类。

平刮刀主要用来刮削平面，如平板、平面轨道、工作台等，也可用来刮削外曲面；

三角刮刀是刮轴瓦常用的工具之一；

月牙形刮刀主要用来刮削内曲面，如活动轴承内孔等。

39. 使用砂轮机刃磨刀具或物件时，应注意哪些事项

使用砂轮机刃磨刀具或物件时，需要注意以下事项：

（1）砂轮的旋转方向应正确，使磨屑向下方飞离砂轮；

（2）启动后，待砂轮转速达到正常后进行磨削；

（3）磨削时要防止刀具或工件对砂轮机发生剧烈的撞击或施加过大的压力，砂轮表面跳动严重时应及时用修整器修正；

（4）砂轮机的搁架与砂轮面的距离不能过大，一般应保持在 3mm 以内；

（5）操作者应站在砂轮的侧面或斜侧面，以保安全。

40. 什么叫配合，配合分哪些类别

基本尺寸相同的相互结合的孔和轴，公差带之间的关系称为配合。

根据配合松紧程度的不同，配合可分为间隙配合（孔轴之间具有间隙）、过盈配合（孔轴之间具有过盈）和过渡配合（孔轴之间可能具有间隙或过盈）3 类。

41. 什么叫基孔制和基轴制

基本偏差为一定的孔的公差带，与不同基本偏差的轴的公差带形成各种配合的一种制度称为基孔制。

基本偏差为一定的轴的公差带，与不同基本偏差的孔的公差带形成各种配合的一种制度称为基轴制。

42. 什么是金属材料的机械性能

金属材料在外力的作用下所表现的抵抗能力称为机械性能。它包括强度、塑性、硬度、韧性等。

43. 下列常用金属材料牌号的含义是什么

(1) H2040 灰铸铁：

HT——“灰”“铁”两字汉语拼音首字母；

20——抗拉强度≥200N/mm^2；

40——抗弯强度≥400N/mm^2。

(2) QT602 球墨铸铁：

QT——“球”“铁”两字汉语拼音首字母；

60——抗拉强度≥600N/m^2；

2——延伸率≥2%。

(3) A3（甲类 3 号）碳素钢：

A——甲类钢代号；

3——强度及塑性代号。

(4) 45、45 号优质碳素钢：平均含碳量为 0.45%。

(5) ZG45（45 号普通铸钢）：

ZG——“铸”“钢”两字汉语拼音首字母；

45——平均含碳量为 0.45%。

(6) 16Mn 普通低合金钢：

16——平均含碳量为 0.16%；

Mn——含锰量<1.5%。

(7) ZGMn13 耐磨钢（高锰钢）：

ZG——“铸”“钢”两字汉语拼音首字母；

Mn13——含锰量约为 13%。

(8) 3Cr24N9Si2 耐热钢：

3——平均含碳量为 0.3%；

Cr24——含铬量约为24%；

N9——含镍量约为9%；

Si2——含硅量约为2%。

44. 金属零件进行热处理的主要目的是什么

（1）退火的目的：降低硬度、提高塑性，改善切削及加工性能，消除金属内部的残余应力，防止变形和开裂。

（2）正火的目的：与退火基本相同，但正火金属组织比较细，强度、硬度比退火高。

（3）淬火的目的：提高硬度和强度，增加表面耐磨、耐腐蚀性能，延长零件的使用寿命。

（4）回火的目的：调整强度和硬度，提高韧性，消除淬火及铸、煅加工后的内应力，防止零件的变形和开裂，稳定金属组织，保证零件的制造精度。

（5）调质的目的：因淬火后的高温回火称为调质，故调质的目的与回火基本相同。

（6）表面热处理的目的：提高零件表面耐磨和耐腐蚀性能。

45. 什么叫零件图，其内容包括哪些

直接指导制造和检验机械零件的图样称为零件图。一张完整的零件图应包括一组表达零件内外结构形状的图形、完整的尺寸、必要的技术要求（如表面粗糙度、尺寸及形位公差、热处等）和标题栏4项内容。

46. 什么叫装配图，其用途是什么

装配图是表达机器或部件的图样。在机械设计过程中，设计者首先出装配图，具体表达所设计的机器或部件的工作原理和结构，然后按装配图绘制零件图。在机械制造过程中，首先要根据零件图加工零件，然后按装配图装配成部件或机器。在机械设备的使用和维修中，人们也时常通过装配图了解使用性能、传动路线和操作方法，以做到操作使用正确、维护保养及时。

47. 机械设备的主要磨损现象有哪些

机械设备的磨损可分为事故磨损和自然磨损两类。事故磨损大多是人为造成的，包括制造上存在的问题及使用维护不当而引起的问题；自然磨损是在正常使用条件下，由于摩擦（包括两相对运动的表面上，凸峰的相互挤压和剪切，使金属微粒剥落以及颗粒研磨、金属表面的黏附与疲劳）、化学腐蚀、高温、振动等因素长期作用而逐渐产生的磨损。它虽然不可避免，但磨损的快慢与制造、装配、修理和使用维护工作的好坏有密切关系。

48. 机器工作中，普遍出现的故障类型有哪些

根据机器故障发生规律的不同可分为：

（1）偶发生故障：这是在毫无规律的情况下发生的，因而不可预知。例如意料之外的超负荷压力润滑系统断油等。这种故障一旦发生，往往带来较大的危害性，但如果操作人员时刻严守操作规程，并养成良好的文明生产习惯，偶发生故障是可以减少或杜绝的。

（2）规律性故障：它是按照摩擦、磨损及机械振动等规律，阶段性地发展产生的故障。例如机器泄漏、温升过高、振动及噪声过大或异常以及零部件松动等。

49. 造成机器温升过高的原因有哪些

造成机器温升过高的原因应根据具体结构情况和工作条件分析诊断，一般有轴承等摩擦部位的工作状态失常，以及冷却、润滑和导热性能不良等。而齿轮箱内的油量过多或齿轮超负荷运转，润滑油品质劣化和清洁度降低，也是造成温升过高不可忽视的原因。

50. 联轴器与离合器的定义分别是什么

联轴器是用来连接不同机构中的两根轴（主动轴和从动轴）使之共同旋转以传递扭矩的机械零件。在高速重载的动力传动中，有些联轴器还有缓冲、减振和提高轴系动态性能的作用。联轴器由两半部分组成，分别与主动轴和从动轴连接。

离合器位于发动机和变速箱之间的飞轮壳内，用螺钉将离合器总成固定在飞轮的后平面上，离合器的输出轴就是变速箱的输入轴。离合器是机械传动中的常用部件，可将传动系统随时分离或接合。对其基本要求：接合平稳，分离迅速而彻底；调节和修理方便；外廓尺寸小；质量小；耐磨性好和有足够的散热能力；操作方便、省力，常用的离合器分为牙嵌式与摩擦式两类。

51. 联轴器如何分类

联轴器可分为刚性联轴器和挠性联轴器两大类。

刚性联轴器不具有缓冲性和补偿两轴线相对位移的能力，要求两轴严格对中，但此类联轴器结构简单，制造成本较低，装拆、维护方便，能保证两轴有较高的对中性，传递转矩较大，应用广泛。常用的刚性联轴器有凸缘联轴器、套筒联轴器和夹壳联轴器等。

挠性联轴器又可分为无弹性元件挠性联轴器和有弹性元件挠性联轴器，前一类只具有补偿两轴线相对位移的能力，但不能缓冲减振，常见的有滑块联轴器、齿式联轴器、万向联轴器和链条联轴器等；后一类因含有弹性元件，除具有补偿两轴线相对位移的能力外，还具有缓冲和减振作用，但传递的转矩因受到弹性元件强度的限制，一般不及无弹性元件挠性联轴器，常见的挠性联轴器有弹性套柱销联轴器、弹性柱销联轴器、梅花形联轴器、轮胎式联轴器、蛇形弹簧联轴器和簧片联轴器等。

52. 联轴器装配或修理的主要技术要求是什么

无论哪种形式的联轴器，其装配或修理的主要技术要求是保证两轴的同轴度，否则被连接的两轴在转动时将产生附加阻力和增加机械的振动。

53. 带传动有哪几种类型，其工作原理是什么

带传动是依靠传动带轮之间的摩擦力来传递动力的，按传动带截面形状的不同可分为平形带传动、三角带传动、圆形带传动和同步齿形带传动。

54. 我国生产的三角带有哪几种型号，根据什么长度选用三角带

我国生产的三角带有 O、A、B、C、D、E、F 共 7 种型号。一般根据三角带的内周长度即公称长度选用三角带。

55. 三角带传动机构的装配要求是什么

（1）带轮在轴上应没有过大的歪斜，其径向圆跳动为（0.0025～0.005）D，端面圆跳动为（0.0005～0.001）D，D 为带轮直径；

（2）两轮的中间平面应重合，其倾斜角一般要求不超过 1°；

（3）带轮工作表面的表面粗糙度要适当，一般 $Ra=3$；

（4）带在带轮上的包角不能小于 120°，否则容易打滑；

（5）带的张紧要适当，合适的张紧力可根据经验方法判断，用大拇指在带的切边中间处能将带按下 15mm 左右即可。

56. 链传动的组成及工作原理分别是什么

链传动是一种具有中间挠性的啮合传动，依靠链轮轮齿与链节的啮合来传递运动和动力。链传动主要由主动链轮、从动链轮和链条 3 部分组成。

57. 链传动机构常见的损坏形式有哪些，怎样修理

链传动机构常见的损坏形式有链被拉长、链和链轮磨损、链断裂等。当链和链轮的磨损达到一定程度时，一般更换新件，不进行修复。

58. 减速机如何分类

减速机在原动机和工作机或执行机构之间起匹配转速和传递转矩的作用，是一种相对精密的机械。使用它的目的是降低转速，增加转矩。它的种类繁多，型号各异，不同种类有不同的用途：按照传动类型可分为齿轮减速机、蜗杆减速机和行星齿轮减速机；按照传动级数可分为单级和多级减速机；按照齿轮形状可分为圆柱齿轮减速机、圆锥齿轮减速机和圆锥-圆柱齿轮减速机；按照传动的布置形式又可分为展开式减速机、分流式减速机和同轴式减速机。

59. 减速机的作用有哪些

（1）降速的同时提高输出扭矩，扭矩输出占比按电动机输出乘以减速比，但要注意不能超出减速机额定扭矩；

（2）减速的同时降低了负载的惯量，惯量的减少为减速比的平方。

60. 减速机常见故障有哪些，处理办法是什么

（1）减速机轴承室磨损，其中又包括壳体轴承箱、箱体内孔轴承室、变速箱轴承室的磨损；

（2）减速机齿轮轴轴径磨损，主要磨损部位在轴头、键槽等；

（3）减速机传动轴轴承位磨损；

（4）减速机结合面渗漏。

针对磨损问题的修复方法：补焊、刷镀后机加工修复；使用高分子复合材料进行修复。

针对渗漏问题的修复方法：拆解更换密封垫片或涂抹密封胶；高分子材料现场治理渗漏。

61. 减速机漏油原因有哪些

（1）减速机内外产生压力差。

（2）减速机结构设计不合理：检查孔盖板太薄，上紧螺栓后易产生变形，使结合面不平，从接触缝隙漏油；减速机制造过程中，铸件未进行退火或时效处理，未消除内应力，必然发生变形，产生间隙，导致泄漏；箱体上没有回油槽，润滑油积聚在轴封、端盖、结合面等处，在压差作用下，从间隙处向外漏；轴封结构设计不合理。

（3）加油量过多。

（4）检修工艺不当。

62. 减速机漏油治理对策有哪些

（1）改进透气帽和检查孔盖板。

（2）改进回油使之畅流。

（3）改进轴封结构。

（4）采用新型密封材料。

（5）认真执行检修工艺。

（6）擦拭。

63. 轴承有什么作用

轴承是当代机械设备中一种重要的零部件。它的主要功能是支撑机械旋转体，降低其运动过程中的摩擦系数，并保证其回转精度。

64. 轴承如何分类

按运动元件摩擦性质的不同，轴承可分为滚动轴承和滑动轴承两大类。

滚动轴承一般由外圈、内圈、滚动体和保持架 4 个部分组成。按滚动体的形状，滚动轴承分为球轴承和滚子轴承两大类。

65. 轴承的安装步骤是什么

轴承的安装是否正确，影响着精度、寿命、性能。安装作业标准的项目通常如下：

（1）清洗轴承及轴承关联部件；

（2）检查关联部件的尺寸及精加工情况；

（3）安装；

（4）安装好轴承后的检查；

（5）供给润滑剂。

66. 轴承使用过程中的注意事项有哪些

（1）轴承间隙要适当，过大时产生冲击，过小时润滑不良，可能烧瓦；

（2）轴承及轴颈表面质量和几何形状应严格得到保证；

（3）改善润滑质量，控制机油的压力、温度及流量，加强机油滤清；

（4）采用符合规定的燃油及润滑油。

为使轴承充分发挥并长期保持其应有的性能，必须切实做好定期维护保养（定期检查）。通过适当的定期检查，做到早期发现故障，防事故于未然，对提高生产率和经济性十分重要。

67. 滚动轴承发热的原因有哪些，排除方法是什么

（1）轴承精度低：选用规定精度等级的轴承。

（2）主轴弯曲或箱体孔不同心：修复主轴或箱体。

（3）润滑不良：选用规定牌号的润滑材料并适当清洁。

（4）装配质量低：提高装配质量。

（5）轴承内外壳跑圈：更换轴承及相关磨损部件。

（6）轴向力太大：清洗、调整密封口环间隙（要求在0.2～0.3mm），更正叶轮平衡孔直径及校验静平衡值。

（7）轴承损坏：更换轴承。

68. 滚动轴承的内径有哪几种表示方法

滚动轴承的内径表示法按轴承内径尺寸的大小分为4段：

（1）内径小于10mm，即1～9mm的轴承，用后起第一位数字表示。例如，1000025，轴承内径为5mm。

（2）内径10～19mm的只有4种尺寸，即10、12、15、17。代号分别用00、01、02、03表示。例如：303轴承内径为17mm，201轴承内径为12mm。

（3）20～495mm的轴承，轴承代号后起第一、二位数字乘以5就是轴承内径的尺寸。例如，210轴承的内径为50mm。

（4）轴承内径在500mm以上者，以分母直接表示内径尺寸。例如，10775/750，轴承的内径就是750mm。

69. 滚动轴承的损坏形式有哪些

滚动轴承损坏的主要形式有滚道和滚动体的磨损，表面产生麻点、裂纹和凹坑以及保持架碎裂等。

70. 怎样判定运转中的滚动轴承是否严重磨损或损坏

可根据机器运转中出现的异常现象断定，滚动轴承严重磨损或损坏后，工作时必将产生剧烈的振动，发出异常的噪声或温升增大（超过65℃）。

71. 滑动轴承的制造材料有哪些

（1）金属材料，如轴承合金、青铜、铝基合金、锌基合金等。

（2）多孔质金属材料（粉末冶金材料）。

（3）非金属材料，常用的轴承塑料有酚醛塑料、尼龙、聚四氟乙烯等。

72. 滑动轴承的失效形式有哪些

滑动轴承在工作时由于轴颈与轴瓦的接触会产生摩擦，导致表面发热、磨损甚至“咬死”，所以在设计轴承时，应选用减摩性好的滑动轴承材料制造轴瓦，使用合适的润滑剂并采用合适的供应方法，改善轴承的结构以获得厚膜润滑等。

滑动轴承的失效形式：

（1）瓦面腐蚀。

（2）轴颈表面腐蚀。

（3）轴颈表面拉伤。

（4）瓦背微动磨损。

（5）轴承表面拉伤。

（6）瓦面剥落。

（7）轴承烧瓦。

（8）轴承磨损。

73. 滑动轴承失效原因有哪些，处理办法是什么

（1）胶合轴承过热、载荷过大的原因：操作不当或温度控制系统失灵。

处理办法如下：

1）在运动中如发现轴承过热，应立即停车检查，最好使转子在低速下继续运转，或继续供油一段时间，直到轴瓦冷下来为止。不然，轴瓦上的巴氏合金由于胶合而粘在轴颈上，修起来相当麻烦。

2）防止润滑油不足或油中混入杂质，以及转子安装不对中。

3）胶合损坏较轻的轴瓦可以用刮研修理方法消除，继续使用。

（2）疲劳破裂的原因：由于不平衡引起的振动、轴的挠曲与边缘载荷、过载等，引起轴承巴氏合金疲劳破裂；轴承检修安装质量不高。

处理办法如下：

1）提高安装质量，减少轴承振动。

2）防止偏载和过载。

3）采用适宜的巴氏合金以及新的轴承结构。

4）严格控制轴承温升。

（3）拉毛的原因：由于润滑油把大颗粒的污垢带入轴承间隙内，并嵌藏在轴承轴衬上，使轴承与轴颈（或止推盘）接触时形成硬痂，在运转时严重地刮伤轴的表面。因此，拉毛轴承注意油路洁净，尤其是在检修中应注意将金属屑或污物清洗干净。

（4）磨损及刮伤的原因：由于润滑油中混有杂质、异物及污垢；检修方法不妥，安装不对中；使用维护不当，质量控制不严。

处理办法如下：

1）清洗轴颈、油路、油过滤器，并更换洁净的符合质量要求的润滑油。

2）配上修刮后的轴瓦或新轴瓦。

3）如发现安装不对中，应及时找正。

4）注意检修质量。

（5）穴蚀的原因：由于轴承结构不合理（轴承上开的油污不合理），轴的振动，油膜中形成蒸汽泡，蒸汽泡破裂，轴瓦局部表面产生真空，引起小块剥落产生穴蚀破坏，增大供油压力。

处理办法如下：

1）改善轴瓦油沟、油槽形状，修饰沟槽的边缘或形状，以改进油膜流线的形状。

2）减少轴承间隙，减少轴心晃动。

3）换较适宜的轴瓦材料。

（6）电蚀的原因：由于绝缘不好或接地不良，或产生静电，在轴颈与轴瓦之间形成一定的电压，穿透轴颈与轴瓦之间的油膜而产生电火花，把轴瓦打成麻坑；检查机器的绝缘情况时，未检查一些保护装置（如热电阻、热电偶等）导线的绝缘性。

处理办法如下：

1）检查机器接地情况。

2）如果电蚀后损坏不太严重，可以刮研轴瓦。

3）检查轴颈，如果轴颈上产生电蚀麻坑，应打磨轴颈去除麻坑。

74. 齿轮按外形如何分类

齿轮可按外形分为圆柱齿轮、锥齿轮、非圆齿轮、齿条、蜗轮蜗杆；按齿线形状分为直齿轮、斜齿轮、人字齿轮、曲线齿轮；按轮齿所在的表面分为外齿轮、内齿轮；按制造方法可分为铸造齿轮、切制齿轮、轧制齿轮、烧结齿轮等。

75. 齿侧间隙大小对齿轮传动有何影响，常用什么方法检查侧隙值

保证齿轮有准确的安装中心距和适当的齿侧间隙是齿轮传动机构的装配和修理中的重要技术要求之一。若齿侧向间隙过小，则齿轮传动不灵活，甚至卡齿，会加剧齿面磨损；侧隙过大，则换向空程大，会产生冲击。检查侧隙值大小的常用方法有压铅丝法和百分表法。

76. 齿轮常见的失效形式有哪几种

齿轮常见的失效形式有：

（1）轮齿折断；

（2）齿面疲劳点蚀；

（3）齿面磨损；

（4）齿面胶合；

（5）齿面塑性变形。

77. 蜗杆传动的特点是什么，有哪些应用

在机械传动中，需要转速急剧降低的场合常采用蜗杆传动。它具有传动比大且准确、传动平稳、噪声小以及结构紧凑、有自锁性能等优点。但其传动效率较低，工作时发热量大而且必须有良好的润滑。

78. 轴的作用有哪些？

轴是穿在轴承中间或车轮中间或齿轮中间的圆柱形物件，但也有少部分是方形的。轴是支承转动零件并与之一起回转以传递运动、扭矩或弯矩的机械零件。轴一般为金属圆杆状，各段可以有不同的直径。机器中做回转运动的零件就装在轴上。

79. 如何选用轴的材质

35、45、50等优质碳素结构钢具有较高的综合力学性能，应用较多，其中以45钢用得最为广泛。为了改善其力学性能，应进行正火或调质处理。

合金钢具有较高的力学性能，但价格较贵，多用于有特殊要求的轴。

其可能的失效形式有：疲劳断裂、过载断裂、弹性变形过大等。

80. 轴的修复技术有哪些

（1）补焊、镶轴套、打麻点等。

（2）电刷镀、激光焊、微弧焊甚至冷焊等。

（3）采用碳纳米聚合物材料技术和纳米技术，现场模具修复。

81. 键的作用是什么

键主要用作轴和轴上零件之间的周向固定以传递扭矩，有些键还可实现轴上零件的轴向固定或轴向移动。

82. 键如何分类

（1）平键：平键的两侧是工作面，上表面与轮毂槽底之间留有间隙。其定心性能好，装拆方便。

（2）半圆键：半圆键以两侧为工作面，有良好的定心性能。半圆键可在轴槽中摆动以适应毂槽底面，但键槽对轴的削弱较大，只适用于轻载连接。

（3）楔键：楔键的上下面是工作面，键的上表面有1∶100的斜度，轮毂键槽的底面也有1∶100的斜度。把楔键打入轴和轮毂槽内时，其表面产生很大的预紧力，工作时主要靠摩擦力传递扭矩，并能承受单方向的轴向力。

（4）切向键：切向键由一对楔键组成，能传递很大的扭矩，常用于重型机械设备中。

（5）花键：花键是在轴和轮毂孔周向均布多个键齿构成的，称为花键连接。花键连接为多齿工作，工作面为齿侧面，其承载能力高，对中性和导向型好，对轴和毂的强度削弱小，适用于定心精度要求高、载荷大和经常滑移的静连接和动连接，如变速器中，滑动齿轮与轴的连接。

83. 键连接的损坏形式有哪些，怎样修理

（1）键连接的损坏形式一般有键侧或键槽侧面磨损，键发生变形或被剪断。

（2）对键的磨损，一般都采用更换键的方法而不修键。当键槽磨损后，则常修整键槽，并换用增大尺寸的键来解决。

84. 密封的作用有哪些

密封是防止流体或固体微粒从相邻结合面间泄漏以及防止外界杂质如灰尘与水分等侵入机器设备内部零部件的措施。

85. 密封如何分类

密封可分为静密封和动密封两大类。

静密封：主要有垫密封、密封胶密封和直接接触密封三大类。根据工作压力，静密封又可分为中低压静密封和高压静密封。中低压静密封常用材质较软、宽度较宽的垫密封，高压静密封则用材质较硬、接触宽度较窄的金属垫片。

动密封：可以分为旋转密封和往复密封两种基本类型。其他按密封件与其做相对运动的零部件是否接触分为接触式密封和非接触式密封；按密封件和接触位置又可分为圆周密封和端面密封，端面密封又称为机械密封。动密封中的离心密封和螺旋密封是借助机器运转时给介质以动力得到密封，故有时称为动力密封。

86. 什么是销轴

销轴是一类标准化的紧固件，既可静态固定连接，也可与被连接件做相对运动，主要用于两零件的铰接处，构成铰链连接。销轴通常用开口销锁定，工作可靠，拆卸方便。

87. 销子与销轴的区别是什么

销子的作用是用于定位和紧固零部件，它有圆柱形和圆锥形两种类型。销子按形状和作用的不同，可以分为：开口销、圆锥销、圆柱销、槽销等。

销轴是一类标准化的紧固件，既可静态固定连接，亦可与被连接件做相对运动，主要用于两零件的铰接处，构成铰链连接。销轴通常用开口销锁定，工作可靠，拆卸方便。

二者区别：销子的种类很多，包括柱销、锥销、弹性销、销轴等。大多数销子用于固定连接，而销轴常用于活动铰接点。

88. 什么是定位销

定位销即以工件孔作为定位基准，参与限制工件自由度的零件。它控制工件在 X 、Y 、Z 3 个轴向的直线运动，以及绕 X、Y 、Z 的旋转运动的 6 个自由运动度。

89. 锁紧螺母的工作原理是什么

锁紧螺母的工作原理是采用螺母和螺栓之间的摩擦力进行自锁。但是在动载荷中，这种自锁的可靠性就会降低。在一些重要的场合，会采取一些防松措施，保证螺母锁紧的可靠性。

90. 麻花钻的柄部形状有哪几种，切削部分的顶角一般磨成多少度

麻花钻是钳工最常用的一种钻头，其柄部形状分直柄和锥柄两种。直柄钻头的直径在 13mm 以内，钻头大于 13mm 的一般都是莫氏锥柄。

麻花钻切削部分的顶角大小可根据所加工材料的性质，在钻头刃磨时决定，一般钻硬材料要比钻软材料选用得大一些。标准麻花钻切削部分的顶角 $\phi=118°$。

91. 钻孔步骤是什么

（1）确定进给速度。

（2）定位。

（3）开始钻孔。

（4）钻孔结束。

92. 常用螺纹有哪几种，攻丝前怎样计算底孔直径

常用的螺纹有普通螺纹（粗牙、细牙）、英制螺纹、圆柱管螺纹、圆锥管螺纹、圆锥螺纹、梯形螺纹（公制、英制）和锯齿形螺纹。

用丝锥加工内螺纹时，其底孔直径的计算：加工钢或塑性较大的材料，在扩张量中等的条件下采用

$$D=d-t$$

式中 D——螺纹底孔钻头直径（mm）；

d——螺纹外径（mm）；

t——螺距（mm）。

加工铸铁和塑性较小的材料，在扩张量较小的条件下采用

$$D=d-(1.05\sim1.1)t$$

93. 如何划分螺栓等级

按照螺栓性能等级分为3.6、4.8、5.6、5.8、8.8、9.8、10.9、12.9。

按照普通螺栓制作精度可分为A、B、C，A、B级为精制螺栓，C级为粗制螺栓。

94. 螺纹连接防松的方法有哪几种，设备检修时螺纹难以拆卸如何处理

连接用的三角螺纹一般都具有自锁性，在静载荷和温度变化不大的情况下不会自动松脱。但是在冲击、振动和变载荷的作用下，连接则有可能松动。防止螺纹自松的方法按工作原理可分为3类，即摩擦力防松（用弹簧垫圈、对顶螺母、尼龙圈锁紧等）、机械防松（用槽形螺母和开口销、圆螺母带翅垫片、止动垫片等）和其他方法防松（用冲头冲点、涂黏合剂等）。

检修螺纹连接时，若螺纹难以拆卸，则可用煤油浸润、手锤敲击螺钉或螺母，以及用火焰对锈蚀部位加热等方法使连接松动。

95. 在装配与修理工作中，拧紧力矩的大小对螺纹连接有什么影响

螺纹连接的拧紧力矩必须适当，过大的拧紧力矩，常常造成螺杆断裂、螺纹滑牙和机件变形；而过小的拧紧力矩，同样会因连接紧固性不足使零件经受不住工作负荷，以致遭受破坏。

1.3 水泥生产电气基本知识

96. 什么是电工仪表

电工仪表是实现电磁测量过程中所需技术工具的总称。

97. 常用电工仪表的分类有哪些

常用电工仪表有指示仪表、比较仪器、数字仪表和巡回检测装置、记录仪表和示波器、扩大量程装置和变换器。

98. 什么是相序

相序就是相位的顺序，是交流电的瞬时值从负值向正值变化经过零值的依次顺序。

99. 什么是直流电

大小和方向不随时间变化的电流或电压称为直流电。

100. 什么是交流电

大小和方向随时间做周期性变化的电流或电压称为交流电。

101. 什么是正弦交流电

随时间按正弦函数规律变化的交流电称为正弦交流电。

102. 什么是交流电路

由交流电源、用电设备、开关、连接导线等组成的电路称为交流电路。

103. 什么是三相交流电源

由3个具有相同频率、相同振幅、相位彼此相差120°的交流电动势组成的电源称为三相交流电源。

104. 什么是单相交流电路

由单相交流电源、单相用电设备、开关、连接导线等组成的电路称为单相交流电路。

105. 什么叫电压，它的基本单位和常用单位是什么

电路中两点之间的电位差称为电压。它的基本单位是伏特，简称伏，符号为V，常用单位为千伏（kV）、毫伏（mV）。

106. 安全用电的基本方针是什么

安全用电的基本方针是安全第一、预防为主。

107. 安全用电的意义是什么

电能是一种优越的能源，在社会各行各业得到广泛应用。由于电本身具有看不见、摸不着的特点，在造福人类的同时对人类也有很大的潜在危险性。如果没有恰当的措施和正确的技术，不能做到安全用电，会给人民的生命财产造成不可估量的损失。安全用电关系到国计民生，影响千家万户。安全用电作为一般知识，应该为一切用电人员所了解；作为一门专业技术，应为全体电气工作人员必须掌握；作为规章制度，应引起有关部门的高度重视。

108. 什么是安全用电

电气工作人员、生产人员以及其他用电人员，在既定环境条件下采取必要的措施和手段，在保证人身安全及设备安全的前提下正确使用电力，称之为安全用电。

109. 保证安全的电气技术措施有哪些

如果安全措施得当，维护修理工作及时、妥善，在正常情况下，电气事故是可以避免的。这些措施和知识统称为防护技术，如绝缘、间距屏护、标志短路保护、过载保护、漏电保护、失压与欠压保护、过压保护、接地保护、接零保护、安全电压等。

110. 什么是安全电压

安全电压是指人体较长时间接触而不致发生触电危险的电压。安全电压在理论上没有一个确定的数值，各国规定都不一样，我国根据实际情况对安全电压做出了一般的标准规定。

111. 安全电压有哪几种电压等级

根据《特低电压（ELV）限值》（GB/T 3805—2008）的规定，我国安全电压额定值等级有5个：42V、36V、24V、12V、6V。

112. 使用安全电压应注意哪些问题

（1）安全电压必须由双绕组变压器获得；

（2）工作在安全电压下的电路，必须与其他电气系统和任何无关的导电部分实行电气隔离；

（3）当电气设备采用24V以上安全电压时，必须采取防止直接接触带电体的保护措施；

（4）采用安全电压的设备，通常电流较大，接线应有足够的容量，线路应具有短路保护，不要以为采用了安全电压就可以高枕无忧了。

113. 什么是接地保护

为了保证人身安全，防止接触电压和跨步电压的危险，将电气设备正常情况下不带电的金属外壳用导线和接地体相连接，称为接地保护。接地保护只应用于不接地系统中。

114. 什么是工作接地，什么是零线，什么是重复接地

为了保证电力系统安全运行，变压器的中性点接地称为工作接地。接地的中性线即为零线。重复接地是指线路除中性点工作接地外还在设备接零处或其他地方、一处或多处将零线再度接地。

115. 零线的作用是什么

在电源和负载做星形连接的三相四线制电力系统中，零线的作用是消除由于三相负载不对称而引起的中性点电压位移，并且与一相火线形成单相电源，提供给单相负载用。

116. 零线上能否装设开关和熔断器

由于零线断开会使接零设备外壳出现危险的对地电压，所以原则上是不允许在零线上装设开关和熔断器的。对分布很广的单相线路，在没有接零保护要求时就可以同时在相线和零线上装设开关和熔断器，因为当相线和零线互相接错时相线就会处于无保护状态，这是不允许的。采用自动开关能同时切断相线时，也允

许在零线上装设过流脱扣器。

117. 装接导线和选择熔丝应注意什么

导线是输送电能的，不允许过热，导线的额定电流应大于实际的工作电流。熔丝是保护电路和设备的，要求发生短路时能迅速熔断。不能选用额定电流很大的熔丝来保护小电流电路，更不能用其他金属线代替熔丝。

118. 电动机、电气设备的金属外壳为什么接一根引出线

电动机和电气设备的金属外壳都是同内部的带电体绝缘的，一旦绝缘破坏，外壳便带电。为防止人体触及带电外壳而发生触电事故，要将电动机、电气设备的金属外壳与保护管、金属构架、电源零线等相连接，以形成保护性接地或接零。10kV/6kV 高压电动机外壳引出线属于保护性接地，380V/220V 低压电气设备外壳引出导线一般属于保护接零。

119. 低电压的危害有哪些

（1）降低发电、供电设备出力，增加线路电能损失；

（2）危及电网安全运行，严重时可引起电网瓦解；

（3）电动机启动困难，甚至不能启动；

（4）降低用电设备出力，使设备过电流，温度上升，促使绝缘老化，甚至烧毁电动机；

（5）日光灯不能启动，照明设备发光率下降，影响广播、电视质量等。

120. 设备需要检修或检查时，应注意些什么

（1）在检修设备前，应首先切断电源；

（2）挂上“有人工作、严禁合闸”的标志牌或指定专人看护；

（3）待检修人员通知检修完毕后方可摘牌送电；

（4）在计划的大中修时应严格执行保证安全的规定。

121. 电机设备日常维护工作有哪些

（1）应经常保持设备清洁，不允许有水滴、油污、飞尘等落入电机内部；

（2）电机的工作电流不允许超过额定电流值；

（3）电机轴承温度不应超过规定值；

（4）电机的运转声音应正常；

（5）电机的强制冷却系统、强制润滑系统应运行正常；

（6）对有集流装置的电机还应检查电刷有无打火现象，火花较大者及时上报；

（7）电机的外壳引出线是否连接牢固等。

122. 触电有哪几种形式

常见的触电形式有单相触电、两相触电、接触电压触电、跨步电压触电等。

123. 触电事故的常见原因有哪些

(1) 缺乏电气安全知识，包括无知或疏忽；

(2) 违反操作规程，包括操作方法不当；

(3) 设计制造上有缺陷，包括管理不严；

(4) 安装不当、维护不及时、线路接错；

(5) 其他各种意外情况等。

124. 什么是电击

电击是指电流通过人体时对人体内部造成的生理机能的伤害，也是人们常说的人身触电事故，是电对人体产生的直接伤害。

125. 什么是电伤

电伤是指由于电流的热效应、化学效应、机械效应对人体外部造成的局部伤害，如电弧烧伤、电灼伤等，皮肤金属化很难治愈。

126. 什么是单相触电

在人体与大地互不绝缘的情况下，接触三相火线中任一相时，电流经人体流入大地，形成一个闭合电路，这种情形称为单相触电。

127. 什么是两相触电

在人体与大地绝缘的情况下，两手同时接触电源的两相，电流通过人体上肢形成一个闭合电路，这种情形称为两相触电。

128. 什么是接触电压触电

当电气设备因绝缘损坏、外壳带电时，人手触及外壳，人体就会触电，此种情形称为接触电压触电。

129. 什么是跨步电压触电

当带电设备发生某相接地时，接地电流流入大地，在距接地点不同的地表面各点上呈现不同电位，人的两脚同时踩在带有不同电位的地表面两点时，就会引起跨步电压触电。如遇到这种危险场合，应合拢双脚并跳离接地处 20m 之外，以保障人身安全。

130. 为预防电气事故的发生，应做哪些工作

预防电气事故应从设备的设计、制造、安装运行、使用、维修、配置专门的保护装置，从人员的教育、培训、考核等多方面采取综合措施，还要由国家主管部门制定一系列有关安全规程、制度和技术标准，并监督贯彻执行。

131. 怎样使触电者迅速脱离电源

(1) 低压触电时：

① 如果低压开关就在附近，应拉开开关或拔除电源插头，并且注意电灯开

关切断的不一定是火线；

② 如果远离电源开关，可用干燥的衣服、手套、绳索、木板、木棍、竹竿等绝缘物弄开触电者身上的电线，或用电工钳子、木把斧子等绝缘工具将电线截断，不可直接去拉触电者。

（2）高压触电时：

① 应迅速通知管电人员停电；

② 戴上绝缘手套，穿上绝缘靴，使用相应等级的合格绝缘操作工具使触电者脱离电源。使触电者迅速脱离电源的办法灵活多样，应视具体情况确定，但要防止触电者脱离电源后摔伤。

132. 触电急救有哪几种方法

当触电者脱离电源后，应根据触电的轻重程度，采取不同的急救措施。

（1）如果触电者伤害轻，神志清醒或虽曾一度昏迷但未失去知觉者，要使之安静休息 1～2h，并严密观察；

（2）如果触电者伤害重，无知觉、无呼吸、有心跳时，应立即进行人工呼吸；如有呼吸但心脏停止跳动时，应采用人工胸外心脏按压法；

（3）如果触电者伤害很严重，心跳、呼吸都停止，瞳孔放大，须同时采取人工呼吸、心脏按压两种方法；

（4）如果需要送医院抢救，在途中不能中断急救措施，对触电者严禁打强心针。

133. 学习触电急救有何重要意义

触电急救是安全用电领域的一个薄弱环节，是对减少触电死亡行之有效的方法。很多触电事例表明，发生触电事故能够实施正确救护的不多，多数案例都具备触电急救的条件和救活的机会却因最终抢救无效而死亡。除了发现过晚的因素外，主要因为当事人不懂得触电急救方法和缺乏救护技术，不能进行及时、正确、得当的抢救。这就充分说明触电急救知识的重要性，而且有必要推广于所有用电人员中，当发现有人触电时，不可惊慌失措，首先应设法使触电者迅速、安全地脱离电源。

134. 什么是一次设备和二次设备

直接生产和输配电能的设备称为一次设备，如变压器、断路器、隔离开关、电抗器、避雷器、母线、电力电缆、电流及电压互感器等。对一次设备的工作进行监察、测量和操纵控制及保护的设备称为二次设备，如仪表、继电器、控制电缆、自动控制及信号设备等。

135. 直流电机的基本结构是什么，工作原理是什么

直流电机主要由固定的定子和旋转的转子两大部分组成。其中，定子部分主

要部件由主磁极、机座、换向极、端盖和电刷装置等部件组成。转子部分主要有电枢铁心、电枢绕组、换向器、转轴、轴承等。

磁场电路与电枢电路连接方式不同，在实际的直流电动机中，也并非只有一个线圈，而是有许多个线圈牢固地嵌在转子铁心槽中，当导体中通过电流，在磁场中因受力而转动时，就带动整个转子旋转。这就是直流电动机的基本工作原理。

136. 三相异步电动机的工作原理是什么

当三相交流电流通入三相定子绕组后，在定子腔内便产生一个旋转磁场。转动前静止不动的转子导体在旋转磁场作用下，相当于转子导体相对地切割磁场的磁力线，从而在转子导体中产生感应电流（电磁感应原理）。这些带感应电流的转子导体在磁场中便会发生运动（电流的效应——电磁力）。由于转子内导体总是对称布置的，因而导体上产生的电磁力正好方向相反，从而形成电磁转矩，使转子转动起来。由于转子导体中的电流是定子旋转磁场感应产生的，因此也称感应电动机。又由于转子的转速始终低于定子旋转磁场的转速，所以又称为异步电动机。

137. 异步电动机铭牌上标有哪些数据，各表示什么意义

交流异步电动机铭牌上主要标记以下数据：

（1）额定功率（P）：电动机轴上的输出功率。

（2）额定电压：绕组上所加线电压。

（3）额定电流：定子绕组线电流。

（4）额定转数（r/min）：额定负载下的转数。

（5）温升：绝缘等级所耐受超过环境温度的温升值。

（6）工作定额：电动机允许的工作运行方式。

（7）绕组的接法：△或Y连接，与额定电压相对应。

138. 电动机绝缘等级和温升是如何规定的

绝缘等级是表示所用材料的耐热等级。A级绝缘允许极限温度是105℃，允许温升是60℃；E级绝缘允许极限温度是120℃，允许温升是75℃；B级绝缘允许极限温度是130℃，允许温升是125℃；F级绝缘允许极限温度是155℃，允许温升是100℃；H级绝缘允许极限温度是180℃以上，允许温升是125℃。上述温升是指绕组的工作温度与环境温度之差，单位是℃。

139. 电动机电气常见故障有哪些，如何分析和处理

电动机接通电源后，电动机不转但有“嗡嗡”声音的可能原因有：

（1）电源的接通问题造成单相运转；

（2）电动机的运载量超载；

（3）被拖动机械卡住；

（4）绕线式电动机转子回路开路或断线；

（5）定子内部首端位置接错，或有断线、短路。

处理办法：第一种情况，需检查电源线，主要检查电动机的接线与熔断器是否有线路损坏现象；第二种情况，应将电机卸载后空载或半载启动；第三种情况，估计是由于被拖动器械的故障，可卸载被拖动器械，从被拖动器械上找故障；第四种情况，应检查电刷、滑环和启动电阻各个接触器的接合情况；第五种情况，需重新判定三相的首尾端，并检查三相绕组是否有断线和短路。

电动机启动后发热超过温升标准或冒烟的可能原因：

（1）电源电压达不到标准，电动机在额定负载下升温过快；

（2）电动机运转环境的影响，如湿度高等原因；

（3）电动机过载或单相运行；

（4）电动机启动故障，正反转过多。

处理办法：第一种情况，应调整电动机电网电压；第二种情况，应检查风扇运行情况，加强对环境的检查，保证环境的适宜；第三种情况，应检查电动机启动电流，发现问题及时处理；第四种情况，应减少电动机正反转的次数，及时更换适应正反转的电动机。

绝缘电阻低可能的原因：

（1）电动机内部进水、受潮；

（2）绕组上有杂物、粉尘；

（3）电动机内部绕组老化。

处理办法：第一种情况，应对电动机内部进行烘干处理；第二种情况，应处理电动机内部杂物；第三种情况，及时检查绕组老化情况，及时更换绕组。

电动机外壳带电可能的原因：

（1）电动机引出线的绝缘或接线盒绝缘低；

（2）绕组端盖接触电动机机壳；

（3）电动机接地有问题。

处理办法：第一种情况，应恢复电动机引出线的绝缘或更换接线盒绝缘板；第二种情况，如卸下端盖后接地现象即消失，可在绕组端部加绝缘后装端盖；第三种情况，应按规定重新接地。

电动机运行时声音不正常的可能原因：

（1）电动机内部连接错误，造成接地或短路，电流不稳引起噪声；

（2）电动机内部轴承年久失修或内部有杂物。

处理办法：第一种情况，需打开电动机进行全面检查；第二种情况，可以处理轴承杂物或更换为轴承室的1/2～1/3。

电动机振动的可能原因：

（1）电动机安装的地面不平；

（2）电动机内部转子不稳定；

（3）皮带轮或联轴器不平衡；

（4）内部转头弯曲；

（5）电动机风扇有问题。

处理办法：第一种情况，需对电动机安装平稳底座，保证平衡性；第二种情况，需校对转子平衡；第三种情况，需对皮带轮或联轴器校平衡；第四种情况，需校直转轴，将皮带轮找正后镶套重车；第五种情况，应对风扇校静。

140. 运行中的电动机发生什么情况时，应立即停止运行

（1）危及人身安全时；

（2）电源线或控制线路冒烟、冒火或有焦臭气味时；

（3）转速剧降或温度剧增且超过允许值时；

（4）所带动的设备损坏时；

（5）电动机剧烈振动危及机组安全时；

（6）电动机有异响时。

141. 在异步电动机运行维护工作中应注意些什么

（1）电动机周围应保持清洁。

（2）检查三相电压和三相电流。一般电动机允许电压波动为额定电压的±5%，三相电压之差不得大于5%，各相电流不平衡值不得超过10%。

（3）定期检查电动机的温升，温升不得超过最大允许值。

（4）检查轴承有无异常杂音，并要定期更换润滑油，其换油周期一般是：滑动轴承为1000h，滚动轴承为500h。

（5）注意电动机声响、气味、振动情况及传动装置情况。正常运行时，电动机声响均匀，无杂声和特殊响声。

142. 怎样从异步电动机的不正常振动和声音中判断故障原因

异步电动机产生不正常的振动和异常响声，主要有机械和电磁两方面的原因。

机械方面的原因：

（1）电动机风叶损坏或紧固风叶的螺钉松动，造成风叶与叶盖相碰，它所产生的声音随着碰击声的轻重时大时小。

（2）由于轴承磨损或轴承安装不当，造成电动机转子偏心。严重时将使定、转子相摩擦，使电动机产生剧烈的振动和不均匀的碰擦声。

（3）电动机的地脚螺钉松动或基础不牢，因而电动机在电磁转矩作用下产生不正常的振动。

（4）长期使用的电动机因轴承内缺乏润滑油而形成干摩擦运行或轴承中的钢

珠损坏，因而使电动机轴承室内发出异常的“嗞嗞”声或“咕噜”声。

电磁方面的原因：

(1) 正常运行的电动机突然出现异常声响，在带负荷运行时转速明显下降，发出低沉的吼声，可能是三相电流不平衡，负载过重或单相运行；

(2) 正常运行的电动机，如果定子、转子绕组发生短路故障或鼠笼转子断条，则电动机会发出时高时低的“嗡嗡”声，机身也随之振动。

143. 直流电机滑环室打火的原因有哪些

(1) 碳刷压力不足，新换上的碳刷位置不正确，造成接触电流传导不良，引起火花。

(2) 换向器滑环有脏物不平整，造成碳刷跳动，使碳刷接触不良，引起火花。

(3) 换向器槽间有污物，特别是一些导电物质引起升高片之间有短路现象，引起火花。

(4) 碳刷架松动也会引起碳刷振动，造成火花。

(5) 滑环跟碳刷的同心度（几何中心）达不到要求时会造成打火。

(6) 碳刷的中性点是否正确，即它的励磁中性点是否在正确位置上。中性点不对时励磁电流会增大，而力矩不能达到有效功率。

(7) 线圈有匝间短路也会引起电流增大，使滑环打火。

144. 在设备巡检中采用什么方法，应检查哪些具体事项

巡检方法有：摸、听、闻、看。

检查事项：安全、电流、电压、绝缘、温升、接地保护、声音、洁净。

145. 什么是电动机的软启动

使电机输入电压从零以预设函数关系逐渐上升，直至启动结束，赋予电动机全电压，即为软启动。在软启动过程中，电动机启动，转矩逐渐增加，转速也逐渐增加。

146. 电气设备的安全色是如何规定的

在电气上用黄、绿、红 3 色分别代表 A、B、C 三个相序；涂成红色的外壳表示其外壳有电，灰色的外壳是表示其外壳接地或接零，线路上黑色代表工作零线，明敷接地扁钢或圆钢涂黑色，用黄绿双色绝缘导线代表保护零线。在直流电中，赭红色代表正极，蓝色代表负极，信号和警告回路用白色。

147. 软启动器的应用范围是什么

原则上，笼形异步电动机凡不需要调速的各种应用场合都可适用。目前的应用范围是交流 380V（也可为 660V），电动机功率从几千瓦到 800kW。软启动器特别适用于各种泵类负载或风机类负载，需要软启动与软停车的场合。

148. 防爆电气设备安装一般有哪些规定

（1）电力设备和电路特别是在运行时发生火花的电气设备，应尽量装设在爆炸危险场所以外，需要设在危险场所内时，应装设在危险性较小的地点，并采取有效的安全措施；

（2）爆炸危险场所以内的电气设备和线路，应注意其免受机械损伤，并应符合防腐、防潮、防晒、防风雨和防风沙等环境条件的要求；

（3）有爆炸危险场所内的电气设备应装设可靠的过载和短路等保护；

（4）有爆炸危险场所内，必须装设的插座应装在爆炸混合物不易积聚的地方；局部照明灯具应安装在事故时气体不易冲击的位置。

149. 电气线路发生火灾的主要原因是什么

电气线路发生火灾的主要原因：线路老化；线路过载；发生短路；用电器过热；其他热源靠近用电器或者线路。

150. 生产现场临时电线的架设要求有哪些

生产现场临时电线的架设要求如下：

（1）离地高度，室内不小于2.5m，室外不小于3m，跨越公路不小于5m；

（2）电线的绝缘必须良好；

（3）电线不得接触易燃、易爆、高温、潮湿的管道、设备；

（4）电线留头要用绝缘胶布包扎好或使用临时配电插座盘；

（5）临时用电线路应按用电规范安装漏电保护装置。

151. 软启动与传统减压启动方式的不同之处在哪里

（1）无冲击电流。软启动器在启动电动机时，使电动机启动电流从零线上升至设定值。它对电动机无冲击，提高了供电可靠性，平稳启动，减少对负载机械的冲击转矩，延长机器使用寿命。

（2）有软停车功能，即平滑减速，逐渐停机，它可以克服瞬间断电停机的弊病，减轻对重载机械的冲击，避免高程供水系统的水锤效应，减少设备损坏。

（3）启动参数可调，根据负载情况及电网继电保护特性选择，可自由地无级调整至最佳的启动电流。

152. 哪些电气设备必须进行接地或接零保护

（1）发电机、变压器、电动机、高低压电器和照明器具的底座和外壳；

（2）互感器的二次线圈；

（3）配电盘和控制盘的框架；

（4）电动设备的传动装置；

（5）屋内外配电装置的金属架构、混凝土架和金属围栏；

（6）电缆头和电缆盒外壳，电缆外皮与穿线钢管。

(7) 电力线路的杆塔和装在配电线路电杆上的开关设备及电容器。

153. 保护接地和保护接零相比较有哪些不同之处

保护接地和保护接零是维护人身安全的两种技术措施，其不同之处是：其一，保护原理不同。低压系统保护接地的基本原理是限制漏电设备对地电压，使其不超过某一安全范围；高压系统的保护接地，除限制对地电压外，在某些情况下，还有促成系统中保护装置动作的作用。保护接零的主要作用是借接零线路使设备潜心电形成单相短路，促使线路上的保护装置迅速动作。其二，适用范围不同。保护接地适用于一般的低压不接地电网及采取其他安全措施的低压接地电网；保护接地也能用于高压不接地电网。不接地电网不必采用保护接零。其三，线路结构不同。保护接地系统除相线外，只有保护地线；保护接零系统除相线外，必须有零线；必要时，保护零线要与工作零线分开；其重要装置也应有地线。

154. 使用电钻或手持电动工具时应注意哪些安全问题

(1) 所有的导电部分必须有良好的绝缘。

(2) 所有的导线必须是坚韧耐用的软胶皮线。在导线进入电动机的壳体处应用胶皮圈加以保护，以防电线的绝缘层被磨损。

(3) 电动机进线应装有接地或接零的装置。

(4) 在使用时，必须穿绝缘鞋、戴绝缘手套等防护用品。

(5) 每次使用工具时，都必须严格检查。

155. 空气开关和漏电保护器的作用各是什么

空气开关过载保护作用是以空气作为灭弧介质的，此外，还有以油为灭弧介质的。其作用是过载保护，比如短路时的瞬间大电流能使空气开关在不到 1s 断掉，不致引起火灾等。漏电保护器是为了保护人的安全的，只要是线路中的电流能通过人或物漏向大地达到一定值就会跳闸，从而不会使人触电，空气开关保护不了人触电。目前，家庭总开关常见的有闸刀开关配瓷插保险（已被淘汰）或空气开关（带漏电保护的小型断路器）。

156. DCS 系统网络的作用有哪些

系统网络是 DCS 的一个重要的组成部分，它是连接系统各个站的桥梁。由于 DCS 是由各种不同功能的站组成的，这些站之间必须实现有效的数据传输，以实现系统总体的功能，因此系统网络的实时性、可靠性和数据通信能力关系到整个系统的性能，特别是网络的通信规约，关系到网络通信的效率和系统功能的实现，以太网逐步成为事实上的工业标准，越来越多的 DCS 厂家直接采用以太网作为系统网络。

157. 什么是现场总线

所谓总线，是指传递信息的公共通路，它是计算机和测量控制系统中的重要组成部分。现场总线是指安装在过程现场的智能自动化仪表和装置，与设置在控制室内的仪表控制设备连接起来的一种全数字化、双向、串行、多站的通信网络。

158. 如何理解DCS控制的“机旁”与“集中”控制方式

由DCS控制的电动机有“机旁”和“集中”两种控制方式，这两种控制方式由现场转换开关进行切换。转换开关位于“机旁”位置时，电动机的启停由现场的机旁按钮盒控制，机旁控制时每台电动机只能单独启停，不能实现电动机顺序启停和联锁停机。转换开关位于“集中”位置时，电动机的启停控制在中控室操作站进行操作，实现电动机顺序启停和联锁停机。正常生产时转换开关均处于“集中”控制方式。

159. 如何理解中控操作中的“联锁”与“解锁”控制

在“集中”控制的状态下，DCS具有“联锁”控制功能，在启动组画面中通过点击分组启停按钮顺序启停组内电动机；若组内某一设备故障跳闸停机或现场紧急停机，则其来料设备立即自动停机，其下游出料设备是否停机、何时停机由操作人员灵活掌握（上游或下游设备的方向与物料流向相同）。在DCS调试阶段，可通过DCS的工程师站对现场设备进行单机启停控制操作，这时现场设备处于“解锁”状态，可通过给定每台电动机的启停状态来单独启停。DCS的单机控制方式主要用于测试DCS的通道，不能用于正常生产。

160. 变压器气体继电器的作用有哪些

在油箱与储油柜之间还装有气体继电器。当变压器发生故障时，油箱内部会产生气体，气体继电器动作而发出故障信号以提示工作人员及时处理或使相应的开关自动跳闸，切除变压器的电源。

161. 三相异步电动机的构造组成有哪些

三相异步电动机的两个基本组成部分为定子（固定部分）和转子（旋转部分），此外还有端盖、风扇等附属部分。

（1）定子。三相异步电动机的定子由三部分组成：定子铁心（用于嵌放定子三相绕组），定子绕组，机座固定铁心和绕组。

（2）转子。三相异步电动机的转子由三部分组成：转子铁心（其作用是嵌放转子三相绕组），转子绕组，转轴。

（3）端盖。电动机的端盖由铸铁或铝铸成，起支撑转子的作用。

（4）风扇。风扇用铝或塑料制成，起冷却作用。

162. 避雷器、针的作用有哪些

避雷器、针高出被保护物，其作用是将雷电吸引到避雷器、针上来，并安全地将雷电流引入大地，从而保护电气设备和其他设备；避雷器的作用是限制作用

于电气设备绝缘上的过电压值，以保护电气设备的绝缘。

163. 普通单相三相插头的保护接地插脚为什么要比其他的脚稍长

目的是当三相插头插入三极插座时，接地插脚先于其他两脚插入插座，拔出时则相反，这个长脚始终起着保护接地的作用。

164. 母线涂漆的作用是什么

（1）防止母线生锈或被腐蚀；

（2）提高母线表面的辐射系数，以改善母线散热条件；

（3）区分交流母线相别以及直流母线极性；

（4）使母线装置明显，增加母线美观。

165. 电动机启动次数有哪些规定

（1）正常情况下，鼠笼式电动机在冷态下允许启动 2 次，每次间隔时间不得小于 5min，在热态下启动 1 次；

（2）在处理事故时以及启动时间不超过 2～3s 的电动机，可多启动一次；

（3）当电动机及其机械做试验时，启动的时间间隔为：200kW 以下的电动机不少于 0.5h；200～500kW 以下的电动机不少于 1h；500kW 以上的电动机不少于 2h。

166. 电动机启动时应注意什么

（1）启动前检查电动机附近是否有人或其他物体，以免造成人身及设备事故；

（2）电动机接通电源后，如果有电动机不能启动或启动很慢、声音不正常、传动机械不正常等现象，应立即切断电源检查原因；

（3）启动多台电动机时，一般应从大到小有秩序地一台台启动，不能同时启动；

（4）电动机应避免频繁启动，尽量减少启动次数。

167. 使用电器工具时应注意什么

使用电气工具时应注意：

（1）不准提着电器工具的导线或转动部分；

（2）在梯子上使用工具，应做好防止感应电坠落的安全措施；

（3）在使用电器工具工作中，因故离开工作现场或暂时停止工作以及遇到临时停电时，须立即断开电源。

168. 高压停、送电的操作顺序有何规定

（1）停电拉闸操作必须按照断路器—负荷侧隔离开关—母线侧隔离开关的顺序依次操作；

（2）送电合闸操作应按与上述相反的顺序进行；

（3）严防带负荷拉合隔离开关。

169. 高压断路器有什么作用

高压断路器不仅可以切断和接通正常情况下高压电路中的空载电流和负荷电流，还可以在系统发生故障时与保护装置及自动装置相配合，迅速切断故障电流，防止事故扩大，保证系统的安全运行。

170. 电流互感器有什么作用

电流互感器把大电流按一定比例变为小电流，提供各种仪表使用和继电保护用的电流，并将二次系统与高电压隔离。它不仅保证了人身和设备的安全，也使仪表和继电器的制造简单化、标准化，提高了经济效益。

171. 为什么电缆线路停电后用验电笔验电时，短时间内还有电

电缆线路相当于一个电容器，停电后线路还存有剩余电荷，对地仍然有电位差。若停电立即验电，验电笔会显示出线路有电。因此，必须经过充分放电，验电无电后，方可装设接地线。

172. 过流保护的动作原理是什么

电网中发生相间短路故障时，电流会突然增大，电压突然下降，过流保护就是按线路选择性的要求，整定电流继电器的动作电流的。当线路中故障电流达到电流继电器的动作值时，电流继电器动作，按保护装置选择性的要求，有选择性地切断故障线路。

173. 隔离开关有哪些正常巡视检查项目

隔离开关正常巡视检查项目有：

（1）瓷质部分应完好无破损；

（2）各接头应无松动、发热；

（3）刀口应完全合入并接触良好，试温蜡片应无熔化；

（4）传动机构应完好，销子应无脱落；

（5）联锁装置应完好；

（6）液压机构的隔离开关的液压装置应无漏油，机构外壳应接地良好。

174. 如何装设和拆除接地线

（1）装设和拆除接地线时必须两人进行。当验明设备确实无电后，应立即将检修设备接地，并将三相短路；

（2）装设和拆除接地线均应使用绝缘棒并戴绝缘手套；

（3）装设接地线必须先接接地端，后接导体端，必须接触牢固；

（4）拆除接地线的顺序与装设接地线相反。

175. 软启动器与变频器的主要区别是什么

变频器用于需要调速的地方，其输出在改变电压的同时改变频率；软启动器实际上是个调压器，用于电动机启动时，输出只改变电压并没有改变频率。变频器具备所有软启动器的功能，但它的价格比软启动器贵得多，结构也复杂得多。

176. 母线的相序排列是怎样规定的

从左到右排列时，左为A相，中为B相，右为C相。

从上到下排列时，上为A相，中为B相，下为C相。

从远至近排列时，远为A相，中为B相，近为C相。

177. 目前高、低压电器国际、国内有哪些知名公司

国际上有：ABB公司（瑞典瑞士）、施耐德公司（法国）、ORMNO公司（日本）、西门子公司（德国）、通用电气（美国）等。

国内有：正泰公司、德力西公司、上海人民华通集团、TCL工业电气、CNC长城电器等。

178. 什么是高峰负荷，什么是低谷负荷，什么是平均负荷

高峰负荷是指电网和用户在一天时间内所发生的最大负荷值。低谷负荷是指电网和用户在一天时间内所发生的用量最少的小时平均电量。平均负荷是指电网和用户在一段确定时间阶段的平均小时用电量。

179. 影响电流对人体的伤害程度的主要因素有哪些

主要因素有：电流的大小，人体电阻，通电时间的长短，电流的频率，电压的高低，电流的途径，人体状况。

180. 什么是变压器

变压器是用来改变交流电压大小的电气设备。它根据电磁感应的原理制成，把某一等级的交流电压变换成另一等级的交流电压，以满足不同负荷的需要。

181. 短路的原因是什么

短路的原因：接线错误；绝缘损坏；操作错误；机械损伤。

182. 短路有什么危害

由于短路时电流不经过负载，只在电源内部流动，内部电阻很小，使电流很大，强大的电流将产生很大的热效应和机械效应，可能使电源或电路受到损坏，或引起火灾。

183. 低压成套开关设备和控制设备（简称成套设备）的含义是什么

低压成套开关设备和控制设备（简称成套设备）是有一个或多个低压开关设备和与之相关的控制、测量、信号、保护、调节等设备，由制造厂家负责完成所有内部的电气和机械的连接，用结构部件完整地组装在一起的一种组合体。

184. 在成套设备中，主电路和辅助电路的含义是什么

主电路是传送电能的所有导电回路，辅助电路是主回路外的所有控制、测量、信号和调节回路内的导电回路。

185. 变压器在什么情况下必须立即停止运行

发生下述情况之一时，应立即将变压器停运处理：

（1）变压器内部声响很大，很不正常，有爆裂声；

（2）在正常负荷和冷却条件下，变压器上层油温异常，并不断上升；

（3）油枕或防爆筒喷油；

（4）严重漏油，致使油面低于油位计的指示限度；

（5）油色变化过甚，油内出现炭质；

（6）套管有严重的破损和放电现象；

（7）变压器范围内发生人身事故，必须停电；

（8）变压器着火；

（9）套管接头和引线发红、熔化或熔断。

186. 什么叫倒闸，什么叫倒闸操作

电气设备分为运行、备用（冷备用及热备用）、检修 3 种状态。将设备由一种状态转变为另一种状态的过程叫倒闸，所进行的操作叫倒闸操作。

187. 倒闸操作中应重点防止哪些误操作事故

（1）误拉、误合断路器或隔离开关；

（2）带负荷拉合隔离开关；

（3）带电挂地线（或带电合接地刀闸）；

（4）带地线合闸；

（5）误投退继电保护和电网自动装置。

188. “禁止合闸、线路有人工作”牌挂在什么地方

（1）如果线路上有人工作，应在线路断路器和隔离开关操作把手上悬挂“禁止合闸、线路有人工作”的标示牌；

（2）标示牌的悬挂和拆除，应按调度员的命令执行。

2 磨机基本知识

2.1 初级工/五级

189. 什么是粉碎

用外力克服固体物料各质点间的内聚力，使物料块破坏，逐渐减小其粒度的过程，称为粉磨和破碎，统称为粉碎。一般粉碎后产品粒度小于 5mm 的称为粉磨，产品粒度大于 5mm 的称为破碎。物料的粉碎一般是在破碎机和粉磨机内分别进行的，所以，按其粉碎物料的粗细程度又划分为破碎和粉磨两个机械操作过程。

190. 在水泥工业中粉碎的目的与意义是什么

（1）缩小物料的粒度，以便于烘干、输送、储存、预均化和粉磨前配料作业的进行，并提高磨机的产量、质量。

（2）把原料磨至合理的细度，以利于生料在煅烧过程中进行物理化学反应。

（3）合理地粉磨水泥成品的颗粒级配，以提高水泥的质量。

191. 管磨机按生产方法可划分为几类

管磨机按生产方法可划分为 3 类：

（1）干法磨：喂入磨机的为干料，出磨产品为干粉的磨机。

（2）湿法磨：喂料时加入适量的水，产品为料浆的磨机。

（3）烘干磨：喂入含有水分的物料，在粉磨过程中用外部供给的热气流烘干物料。

192. 管磨机按传动方式可划分为几类

管磨机按传动方式可划分为 4 类：

（1）中心传动磨：它是以电动机＋减速机带动磨机卸料端的空心轴，使磨体回转的磨机。这种磨又有中心单传动和中心双传动之分。

（2）边缘传动磨：电动机通过减速机带动固定于筒体卸料端的大齿轮驱动筒体运转。

（3）无齿轮磨：它把大型低频电动机的转子直接接于磨机的筒体上，电动机与筒体之间没有减速机。

（4）摩擦传动磨（略）。

193. 管磨机的工作原理是什么

管磨机是水平放置在两个大型轴承上低速回转的筒体，筒体内装有研磨体。磨机回转时，研磨体在离心力的作用下贴附于筒体衬板表面，随筒体一起回转。研磨体被带到一定高度后，即像抛射体一样，以一定的重力和速度落下，冲击筒体内的物料。此外，在磨机回转过程中，研磨体还以滑动作用和滚动作用，研磨处于研磨体与衬板间及相邻研磨体间的物料。

在磨机回转过程中，由于磨头不断地强制喂料，磨尾又不断地抽风（湿法磨则不断地从磨头冲水），磨细了的物料便在筒体回转过程中不断向出料端移动，直至物料排出磨。

194. 球磨的结构是什么

球磨的结构见图 2-1。

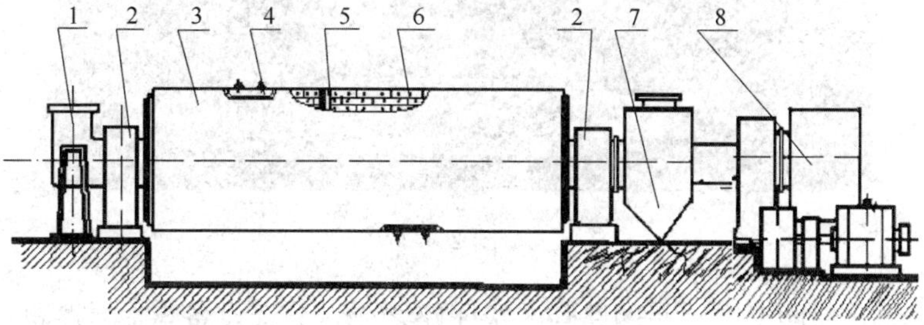

图 2-1

1—进料装置；2—主轴承；3—筒体；4—磨门；5—隔仓板；6—衬板；7—卸料装置；8—传动装置

195. 保护管磨机筒体的措施有哪些

（1）在安装和更换衬板时，衬板背面与筒体间须加一层衬料（一般为石棉水泥砂浆），使衬板紧贴于筒体内壁。湿法球磨受研磨体和泥浆的冲刷较甚，应在衬板与筒体间加一层木质三合板或 3～4mm 厚的橡胶板作衬垫。

（2）衬板螺栓必须上紧，磨机运转时须经常检查衬板螺栓是否松动或折断。衬板螺栓松动时应及时拧紧；衬板螺栓断裂或衬板脱落须立即停磨处理。

（3）衬板磨损严重或有断裂象征时须及时更换。

（4）若停磨时间较长，应将研磨体倒出，以防筒体因局部过久受重压而变形。

196. 物料的粉磨流程有哪几种

（1）粉磨有开路粉磨和闭路粉磨两种流程。

（2）在粉磨过程中，物料仅在磨内通过一次，卸出来的物料即为成品的流程称为开路粉磨（图 2-2）；物料出磨后经分级设备分选，合格的细粉为成品，偏粗的物料返回磨内重新粉磨的流程称为闭路粉磨（图 2-3）。

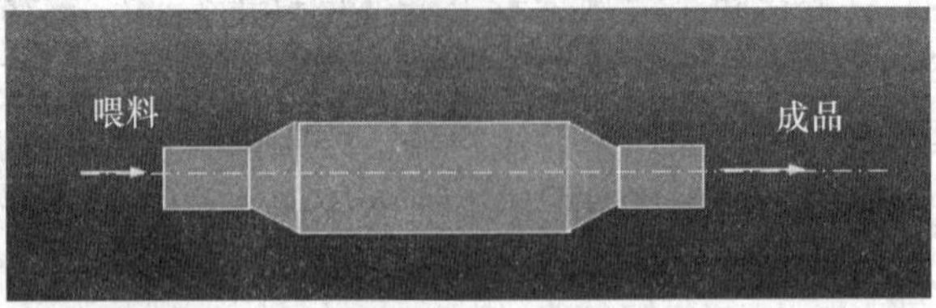

图 2-2

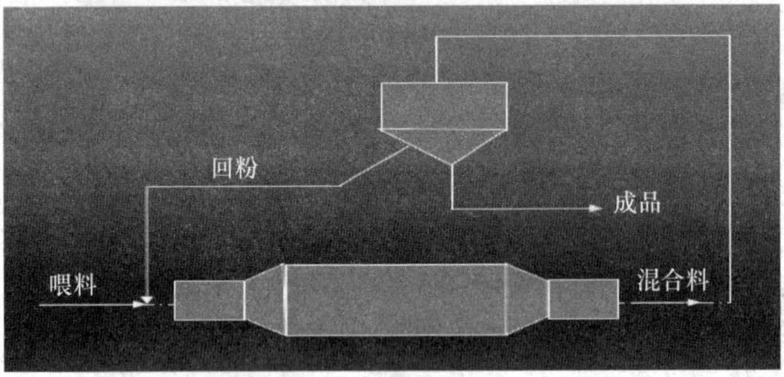

图 2-3

（3）闭路粉磨又有一级闭路与二级闭路之分：分级设备与一台磨机组成闭路时称作一级闭路系统；与两台短磨机组成闭路时称二级闭路系统。

197. 管磨机常用的减速机有哪几种

管磨机常用的减速机有单级减速机、双级侧轴式减速机、三级侧轴式减速机、双级同轴式减速机、双入轴双级减速机和双出轴减速机 6 种。

198. 管磨机的传动方式有哪几种

管磨机分齿轮传动和无齿轮传动两大传动方式。水泥工业多用齿轮传动，齿轮传动的形式有边缘传动和中心传动两种。

199. 管磨机各仓的粉磨能力为什么需相互平衡

若管磨机某仓的粉磨能力小于其他仓，磨机便只能在粉磨能力低仓的产量下进行粉磨作业，其他各仓和整个磨机的生产能力都不能发挥出来，故需重视各仓粉磨能力的平衡问题。

各仓的粉磨能力不平衡主要原因是：各仓研磨体级配和装载量、仓内衬板的形式和分布方式及磨机各仓长度比例。

通过磨内物料筛余曲线的测定，可判断各仓的粉磨能力是否平衡。

200. 隔仓板的作用有哪些

（1）主要作用是分隔研磨体。

（2）防止大颗粒的物料窜向出料端；

（3）控制磨内物料的流速；

（4）支撑磨机的筒体，防止筒体径向变形。

201. 隔仓篦板篦孔的排列形式有哪些

隔仓篦板篦孔的排列形式有同心圆形、多边形、放射形、斜线形、“八”字形，见图 2-4。

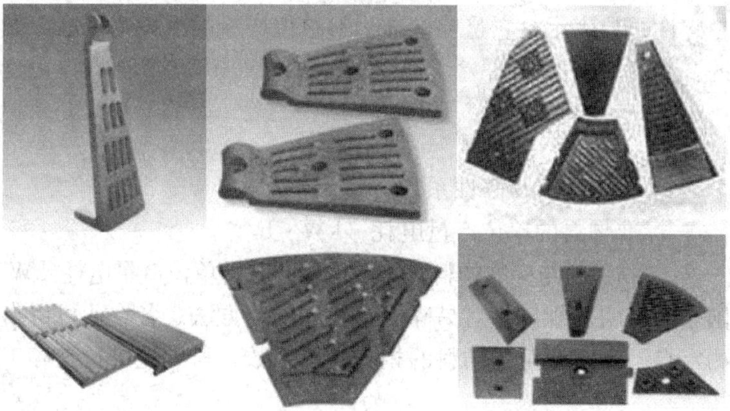

图 2-4

隔仓篦板篦孔的排列形式对物料的流速、堵塞程度、磨内状况、制造难易程度都有一定的影响。经常使用的隔仓篦板篦孔的排列形式有同心圆形、多边形、放射形。

202. 球磨检修注意事项有哪些

（1）倒研磨体时严禁在磨机两侧站人；

（2）检修前应通知值班电工切断主电源，并挂好检修警告标志牌，未经指定人员许可，任何人员不得擅自启动磨机；

（3）所有检修人员必须配戴劳动保护用品；

（4）修完后关磨门时，应事先检查磨内各仓有无人或杂物及工具。

203. 清仓洗磨多长时间为宜

各种磨机洗磨时间：煤磨不超过 20min，水泥磨、原料磨不超过 30min。

204. 什么叫粉磨

将大颗粒物料通过磨机中研磨体的冲击和研磨，使之成为有一定细度要求的物料的过程，称为粉磨。

205. 什么叫临界转速

磨机筒体的转速达到某一值后，就可使最外层研磨体到达最高点而不脱落，研磨体刚好贴附于磨机筒体内壁上做圆周运动，此时的磨机转速称为临界转速。

206. 什么叫粉碎比

粉碎前物料粒径与粉碎后物料粒径的比值。

207. 什么是易碎性和易磨性

（1）易碎性：物料被破碎的难易程度，称为易碎性。易碎性的好坏与物料本身的强度、硬度、密度、晶体结构、裂纹、含水量、脆性等有关。物料的易碎性常用相对易碎性系数表示。它是以标准物料单位产量的电耗为基准，做相对比较而得出来的。其计算式如下：

$$K_m=\frac{E_b}{E_c}$$

式中 K_m——物料的相对易碎性系数。

E_b——标准物料的单位产量电耗（kW·h/t）。

E_c——被测物料与标准物料破碎条件相同时的单位产量电耗(kW·h/t)。

目前国家没有明确规定相对易碎性系数的测定方法。各企业可以自行选定标准物料来测定自己需要测定的物料的相对易碎系数，科学地进行破碎工艺过程的生产控制。

值得注意的是：被测物料与标准物料的破碎条件一定要相同。这主要是指要使用同一台破碎机进行试验；入破碎机的物料粒度和出破碎机的产品粒度一定要尽量接近。这样测得的单位产量电耗才可以代入公式计算。

标准物料的相对易碎性系数为 1，被测物料的相对易碎性系数如果大于 1，说明其易碎性好，比标准物料容易破碎；反之，若小于 1，则易碎性不好，比标准物料难于破碎。

（2）易磨性：物料被粉磨的难易程度称为易磨性。影响易磨性好坏的因素与易碎性相同，但二者没有明显的规律关系。一般情况下，易碎性好的物料易磨性也好；但是，在水泥生产中，也经常有一些易碎性好的物料，其易磨性并不好。

208. 研磨体在磨内有几种运动状态

如图 2-5 所示，研磨体在磨内有 3 种运动状态：泻落式运动状态、抛落式运动状态、圆周式运动状态。

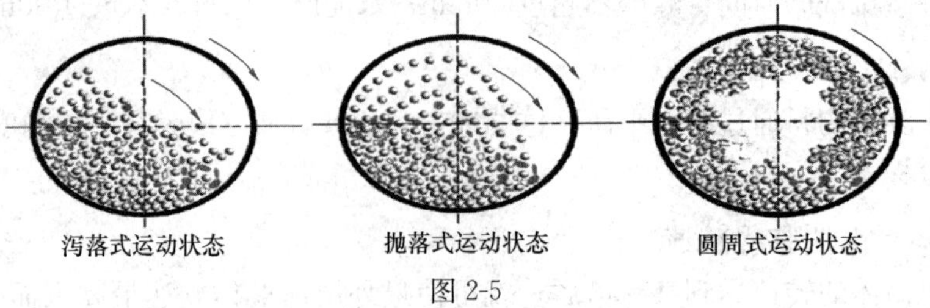

图 2-5

209. 水泥的生产过程大致可分为几个过程

水泥的生产过程大致可分为5个过程：原料开采、生料制备、熟料烧成、水泥制成、水泥装运。

210. 影响研磨体磨损的因素有哪些

影响研磨体磨损的因素有很多，如物料的易磨性（易磨性小，物料难磨，研磨体磨损增大）、磨机喂料量的多少（过少时研磨体之间相互撞击，研磨体磨损增加）、磨机的内径、转速、衬板的形式、研磨体的填充率、研磨体的材质、粉磨的细度等。

211. 磨机隔仓板篦孔宽度多少为宜

磨机的篦孔宽度一定要适宜。宽度过大，则物料流速快，给后仓增加负担，而且产品细度易跑粗，影响粉磨效率；篦孔过小，容易堵塞，物料流速慢而且容易堵磨，影响磨机产量。篦孔宽度一般以5～10mm为宜，为了防止篦孔堵塞，隔仓板出口面上的篦孔宽度应为进口宽度的1.2～2倍。

212. 什么是球料比

球料比就是磨内研磨体的质量与物料质量的比值。它说明在一定研磨体装载量下，磨内存料量的多少，也说明磨机正常运转时，喂料的均匀程度。

213. 什么是磨机的有效通风面积

磨机的有效通风面积就是隔仓板的进料口（小端）面上的孔隙总面积与隔仓板总面积的比值（用百分数表示），称为磨机隔仓板有效通风面积。

214. 什么是磨机的实际工作转速

从磨机最好的经济技术指标出发，全面地考虑磨机的结构、生产方式、衬板形式、填充率、入磨物料粒度、入磨物料的物理化学性能、粉磨要求细度等因素后，对理论适宜转速适当修正，所得的转速称为磨机的实际工作转速。

215. 细度的表示方法有几种

（1）筛析法，即以0.08mm方孔筛筛余百分数来表示；

（2）比表面积法，即用勃氏比表面积试验仪器测定，以单位质量的颗粒表面积表示（m^2/kg）。

216. 什么是球耗

球耗指磨机内研磨体在粉磨物料过程中单位质量研磨体消耗的数量。

217. 物料配料入磨有几种形式

物料配料入磨主要有两种布置形式，即磨头配料和库底配料。

218. 选粉机卸料管漏风原因有哪些，处理办法是什么

漏风原因：

（1）选粉机系统锁风不好。

（2）卸料管长期受到粉尘冲刷、磨损，致使在管壁穿洞、连接处密封失效。

处理办法：

（1）经常检查选粉机锁风装置是否正常，发现问题及时排除。

（2）对磨损比较严重的卸料管要及时予以更换或焊补，防止漏风。

（3）在选粉机粗粒粉卸料管和选粉机进料提升机之间，增加一根连通管，让粗粉管漏出的风排入提升机。

219. 为什么磨机筒体要安装衬板

磨机筒体安装衬板主要是用来保护筒体，避免研磨体和物料对筒体的直接冲击和摩擦；其次是可以用不同形式的衬板来调整各仓内的研磨体的运动状态。因此，磨机筒体内要安装衬板，以适应物料粉磨过程的需要，从而提高其粉磨效率。

220. “跑粗”的原因有哪些

粗磨仓的能力过强、细磨仓的能力不足是“跑粗”的主要原因，在这种情况下，即使适当降低磨机产量，产品细度仍然跑粗。

粗磨仓粉磨能力显著高于细磨仓的原因：

（1）粗磨仓的研磨体的填充率比细仓的高得多；

（2）粗磨仓的平均球径太大；

（3）磨内风速过高，研磨体级配不合理，隔仓板或出料的篦板的篦缝过大都是导致“跑粗”的原因；

（4）选粉机转速和粗细粉分离器出现问题也是“跑粗”的原因。

221. 磨机喂料量过大的判断方法是什么，处理措施是什么

判断方法：

（1）磨声低；

（2）磨机电流增大；

（3）提升机功率上升；

（4）粗细粉分离器出口负压上升。

处理措施：

（1）降低喂料量，在低喂料量的情况下让系统运转一段时间。

（2）当磨内较空时，缓慢增大喂料量。

（3）系统参数正常后，稳定喂料量。

222. 磨机喂料量不足的判断方法是什么，处理措施是什么

判断方法：

（1）磨声高；

（2）磨机电流下降；
（3）出磨提升机功率降低；
（4）粗粉分离器出口负压下降；
（5）成品量低。

处理措施：

慢慢增大喂料量，待磨机电流、提升机功率、粗粉分离器出压力等参数正常后，稳定喂料量。

223. 一仓隔仓板篦缝堵塞现象有哪些，处理办法是什么

现象：

（1）一仓磨声下降，喂料量被迫减少；
（2）出磨提升机功率降低；
（3）粗粉分离器出口负压上升；
（4）二仓磨声增强；
（5）磨机通风量不足；
（6）仓物料含水量过高。

处理办法：

（1）降低喂料量（或停止喂料）进行观察；
（2）增大磨机通风量；
（3）降低入磨物料的水分；
（4）上述措施方法时，停磨检查处理。

224. 水泥细度的作用有哪些

（1）水泥粉磨工艺的参数之一。众所周知，在水泥熟料组成稳定的条件下，对水泥粉磨来讲，为了达到水泥质量的稳定，是通过水泥细度的变化来调整进料量、风量等磨机工艺参数的。同时水泥磨得越细，其水化性能越高，但在实际生产过程中通过水泥细度的设计和控制，实现的主要是粉磨效果与粉磨成本之间的平衡。通过细度的合理控制，不但能够稳定地提高水泥质量，而且对节能降耗具有现实意义，因此细度是水泥粉磨的工艺参数。

（2）调整水泥的性能。水泥磨得越细，水化速度越快，强度越高，但与此对应的是水泥需水量增大、干缩增大、施工性能变差等负面影响。在熟料矿物组成、水泥组成固定的情况下，这些就只有通过水泥细度在一定范围内来调整。

我国水泥标准规定水泥产品的细度为 80μm 方孔筛筛余不得超过 10%。控制细度的方法简单易行，在一定的粉磨工艺条件下，水泥强度与其细度有着一定关系。

225. 选粉机比表面积与细度的调节方法是什么

选粉机比表面积与细度的调节方法见表 2-1。

表 2-1 选粉机比表面积与细度的调节方法

比表面积	细度	调节方法
过小	过粗	提高转速，降低风量
过小	正常	提高转速
过小	过细	提高转速，增加风量
正常	过粗	降低风量
正常	过细	增加风量
过大	过粗	降低转速，降低风量
过大	正常	降低转速
过大	过细	降低转速，增加风量

226. 水泥磨工作原理是什么

水泥磨设备如图 2-6 所示。球磨机是一个水平放置在两个大型轴瓦上低速回转的筒体。物料由进料装置中的进料溜子直接喂入磨机筒体内的粗磨仓，物料在平均直径较大的研磨体（钢球）的冲击研磨作用下得到粉碎。被粉碎到一定粒度的物料通过隔仓板的粗筛板之间的缝隙进入组合式隔仓板，而粗磨仓的研磨体则被隔仓板的粗筛板挡住。物料在组合式隔仓板内被细筛板进一步筛析。过粗物料被筛出，并返回粗磨仓，而小于细筛板筛缝尺寸的细物料通过细筛板进入细磨仓。物料在细磨仓内被小研磨体进一步研磨，达到要求的细分通过出料筛板、卸料管进入出料装置并被排出。磨细了的残余研磨体由出料装置内的回转筛筒筛出。

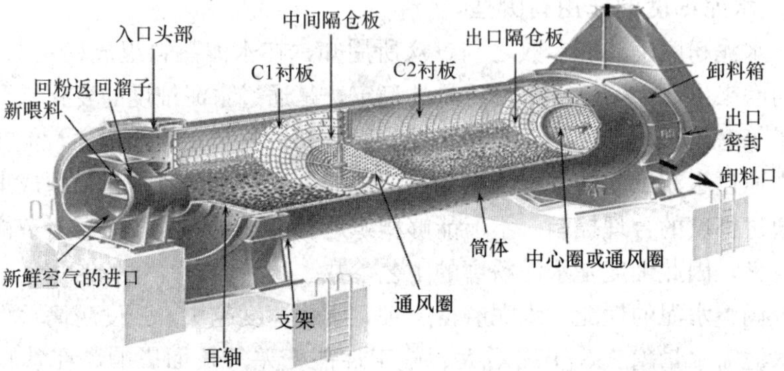

图 2-6

227. 研磨体级配基本原则有哪些

（1）入磨物料的平均粒径大、硬度高或要求产品粗时，钢球的平均球径应大些，反之应小些。磨机直径小，钢球平均球径也应小。一般生料磨比水泥磨的钢球平均球径大些。

(2) 开路磨机，前一仓用钢球，后一仓用钢锻。

(3) 研磨体大小必须按一定比例配合使用。钢球的规格通常用 3～5 级，钢锻一般用 2～3 级，若相邻两仓用钢球时，则前一仓的最小规格应作为后一仓的最大规格（交叉一级）。

(4) 各级钢球的比例可按“两头小、中间大”的原则配合，用两种钢锻时，各占一半即可。用 3 种钢锻时，可根据具体情况适当配合。

(5) 在满足物料细度要求前提下，平均球径应小些，借以增加接触面积和单位时间的冲击次数，提高粉磨效率。

228. 定期补充研磨体的方法有哪些

(1) 根据单位时间消耗量来补充研磨体。

(2) 根据磨机产量与单位产品研磨体消耗量来补充研磨体。

(3) 根据磨机电动机的电流所指示的负荷降低情况补充研磨体。

(4) 实测磨内研磨体平面降低的高度来补充研磨体。

229. 辊压机的主要结构组成是什么

(1) 磨辊主轴及轴承；传动装置；主机架；液压系统；进料装置，由侧挡板和调节插板组成；润滑系统；检测系统。

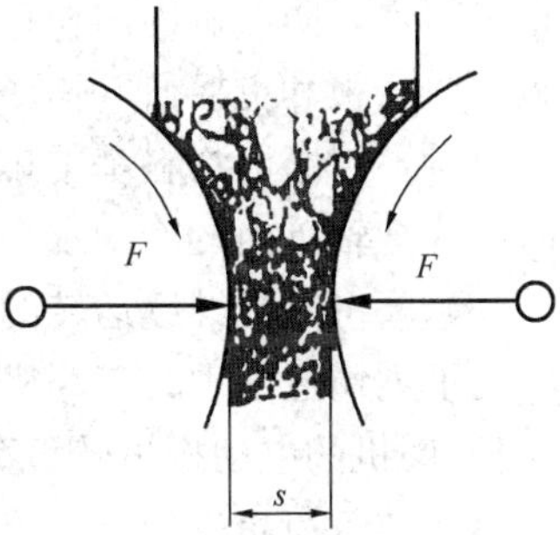

图 2-7

(2) 辊压机粉碎原理（图 2-7）：辊压机是根据料床粉碎的原理设计的，两个辊子做慢速的相对运动，其中一个固定，另一个可以做水平方向的滑动。物料由辊压机上部连续喂入并通过双辊间的间隙，给活动辊一定的作用力，物料受压而粉碎。

230. 磨机系统的开停车操作是什么

(1) 开车前的准备。

1) 掌握入磨物料的物理性质，了解粉磨产品的各项计划指标要求。

2) 查看磨头仓的备料情况，避免在磨机运转中造成断料，而影响生产。

3) 检查磨内研磨体、磨内衬板、隔仓板及出口篦子板是否合乎规定情况。

4) 检查喂料装置是否正常；检查磨机各转动部分润滑是否正常。

5) 检查磨机主轴承、中空轴、螺旋筒、衬板、护板、隔仓板、挡环、磨门、传动轴承地脚、中空轴承地脚以及大牙齿轮对口连接各部分的螺栓有无松动现象。

6) 确保磨机主电动机慢转，离合器已脱离。

7) 检查冷却系统是否正常。

8）检查选粉机、收尘器、提升机和其他输送设备的完好情况，并经单机试车，保持完好。

9）注意环境卫生，排除随时可能影响磨机传动的障碍物。

10）开车时，要特别注意安全，磨机附近严禁站人。

11）及时与上、下工序取得联系，以便提前做好准备，保证磨机启动的顺利进行。

12）磨机及其辅机的安全装置以及所有安全联系信号必须完整、良好。

（2）开停车顺序。

开车前的准备工作完毕并确认无误后方可开车。磨机系统所有设备启动后情况正常时便可进行喂料。若采用磨体淋水的磨机，此时可开始供水，并注意应由少而逐步加至正常淋水量。

磨机正常情况下的停车顺序与开车顺序相反，即先开的设备后停，后开的设备先停。应注意的是当磨机停车后，输送设备一般应继续运转，直至把其中的物料送完再停，防止机内因积存物料，在下次开机启动困难或检修不便。为了更换衬板、隔仓板和更换研磨体而长期停磨时，应先停喂料机，而磨机仍然继续运转数十分钟，待磨内物料基本排空后停磨。停磨时即停冷却水，特别是冬季长期停磨时，应把轴承内的冷却水全部排除，防止冰裂。

（3）磨机不能继续运转的条件。

当下列情况出现时，磨机一般不能继续运转：

1）磨机的电动机运转负荷超过额定电流值，选粉机、提升机等辅助设备的电动机运转负荷超过额定电流值。

2）各电动机的温度超过规定值；磨机主轴承及传动轴承的温度超过规定值。

3）各喂料仓的配合原料出现一种或一种以上断料而不能及时供应时，喂料装置及下料斗因大料块或异物卡死，短时间无法处理好时。

4）边缘传动的磨机大牙轮咬合声音不正常，特别是发生较大振动时。

5）大小轴承地脚、轴承盖螺栓严重松动；油圈不转并拨动无效（或输油泵发生故障、油管阻塞）致使润滑系统失去作用时。

6）磨机衬板、挡环、隔仓板等因螺栓折断脱落时。

7）入磨水压因故陡然下降，冷却水不通时。

8）各辅机设备和输送设备发生故障时。

9）减速机发出异常声音或振动较大时。

10）干法粉磨系统的收尘设备发生故障而停止收尘通风时，也必须及时处理好后才能恢复生产。此外，整个粉磨系统的安全护罩及其他安全设施要保证完好，供水及供油系统的密封，室内照明等都应尽量完善。

（4）操作中的检查工作。

1）喂料系统的检查。

2）磨体和传动部位的检查。

3）润滑系统的检查。

4）了解附属岗位的设备运转情况。

运转中的检查同样适用于交接班时的检查。对检查中发现的问题、存在的隐患、处理的结果，都应一一详细记录，以便下一班操作人员心中有数，以进一步加强保养和维护。

231. 衬板有哪几种形式

（1）按表面形状划分为：

平衬板：特点为摩擦系数小，研磨体在这种衬板上易发生滑动现象。这种衬板仅与其他衬板配合，用于细磨仓中。

阶梯衬板：表面呈一倾角，安装后呈梯状，可以加大衬板对研磨体的推力。其优点是对同一层钢球被提升的高度均匀一致；衬板表面磨损比较均匀。这种衬板用在要求冲击力强的粗磨仓中。

波形衬板：特点为表面呈波纹状。这种衬板具有一定的带球作用，比较适用于磨机的细磨仓。

端盖衬板：又称墙板，是安装在磨机进出口端盖上的一种平行衬板。

分级衬板：沿轴方向具有斜度，大端向着出口，能使钢球按直径大小自由分级，有助于提高粉磨效率。

其他：角螺旋衬板、压条衬板等。

（2）按材质划分：

高锰钢衬板：特点为高强度、韧性大。

高铬铁和低铬铁衬板：特点为硬度大，耐磨性能强、磨耗值远低于锰钢铸铁，使用寿命长。

232. 立磨工作原理是什么（以 Loesche 磨为例进行说明）

立磨是用料床粉磨物料的机械（设备），Loesche 磨的工作原理：小块物料经 3 道锁风阀门，下料管入磨内堆积在磨盘中间，因磨盘快速旋转（50 r/min），物料在离心力作用下向磨盘边缘移动，并被啮入磨辊底部而粉碎。磨辊由液压系统施压。

物料不仅在磨辊下被压碎，而且被推向外缘，越过挡料圈落入风环，被高速热气流带起向上，大颗粒折回到磨盘，小颗粒被气流带入分离器，在回转叶片作用下分选。粗颗粒重新返回磨盘再粉磨，合格成品随气流带出机外被收集为成品。

233. 辊压机工作原理是什么

如图 2-8 所示，利用现代料层破碎原理，由上方强制喂入的物料，落在两个相对运动的辊子之间，在高强度压力的作用下，被破碎、挤压成密实、扁干、充满细微裂纹的料饼排出，进入料饼提升机。料饼中含有大量细粉，同时物料的易磨性也得到了极大的改善。

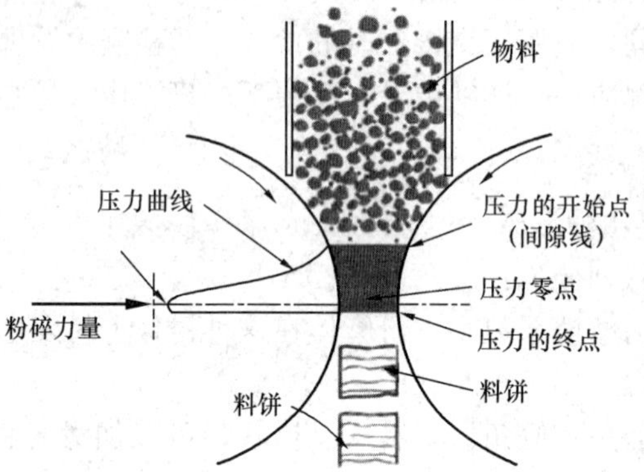

图 2-8

234. 气箱脉冲袋式收尘器的结构和原理分别是什么

气箱脉冲袋收尘器由上箱体、灰斗、喷吹管路系统、排灰系统和电控系统等部分组成，具有技术先进、结构新颖、安装方便、运行可靠等特点。工作时，含尘气体由进风道进入灰斗，粗尘粒直接落入灰斗底部，细尘粒随气流转折向上进入上箱体，粉尘积附在滤袋外表面，过滤后的气体进入上箱体至净气排风道，经排风机排至大气。

235. 粉碎物料的机械方法有哪几种

粉碎物料的方法很多，就机械方法而言常见的有下述 5 种（图 2-9）：

（1）压碎：在物料两表面间施以缓慢增长的静压力，把物料挤碎。多用于脆性和坚硬的大块物料的粗碎。一般颚式、圆锥式和辊式破碎机都利用这种方法。

（2）磨碎：使物料在两个相对的滑动工作面间或在研磨体之间的摩擦作用下被磨碎。多用于小块物料的细磨。管磨、振动磨利用这种方法。

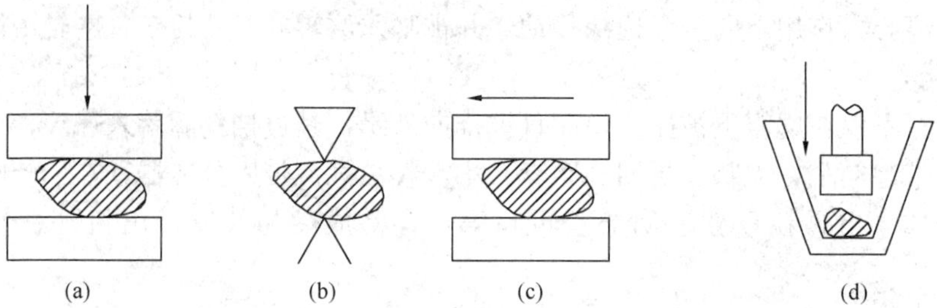

图 2-9

（a）压碎；（b）劈碎；（c）磨碎；（d）击碎

（3）击碎：使物料在瞬间的足够大的冲击力下被破碎。这种方法特别适用于脆性物料的粉碎。锤式、反击式、冲击式和管磨利用这种方法。

（4）劈碎：使物料在尖棱状物体的作用下被劈碎。用于脆性的物料。齿辊破碎机利用这种方法。

（5）折碎：使物料在两个带凸齿金属工件之间，受到弯曲的挤压力而破碎。适用于脆性、硬性物料的破碎。颚式和圆锥式破碎机利用这种方法。

2.2 中级工/四级

236. 磨机衬板的作用是什么，如何分类

作用：

（1）保护磨机筒体内壁和端盖不被研磨体磨损。

（2）调整研磨体的运动状态，使研磨体在磨机运转过程中获得的能量得到合理利用：在一仓装阶梯衬板或压条衬板时可使大研磨体的提升高度增大，使研磨体以较大的动能击碎物料；在细磨仓装波纹衬板或平衬板，可使研磨体的研磨作用增强。

（3）在一定程度上增加筒体的刚度。

（4）分级衬板可使仓内研磨体按球径大小沿磨机轴向做正向分级，从而使各直径的研磨体在粉磨过程中充分发挥作用。

分类：

（1）按照安装部位分：磨头端盖衬板、筒体衬板和磨门衬板。

（2）按照材质分：金属衬板、橡胶衬板、铸石衬板（水泥工业一般使用金属衬板）。

（3）按照工作面形状分：平衬板、波纹衬板、凸棱衬板、压条衬板、阶梯衬板、半球形衬板、锥形衬板、双曲面衬板、角螺旋衬板、沟槽衬板等。

（4）按照连接方式分：螺栓衬板和无螺栓衬板。

（5）按照功能分：普通衬板和分级衬板。

237. 管磨机衬板的安装方法及适用范围分别是什么

安装方法有：螺栓固定法和镶砌法两种。

螺栓固定法：用于管磨机的各仓。

镶砌法：主要用于长管磨机三、四衬板的固定，也用来固定中长管磨机细磨仓的衬板及烘干兼粉磨煤磨细磨仓的衬板。

238. 隔仓板可分为几种

隔仓板（图 2-10）可分为单层隔仓板和双层隔仓板。

单层隔仓板：由若干块扇形篦板组成，其大端用螺栓固定在磨机筒体上，小

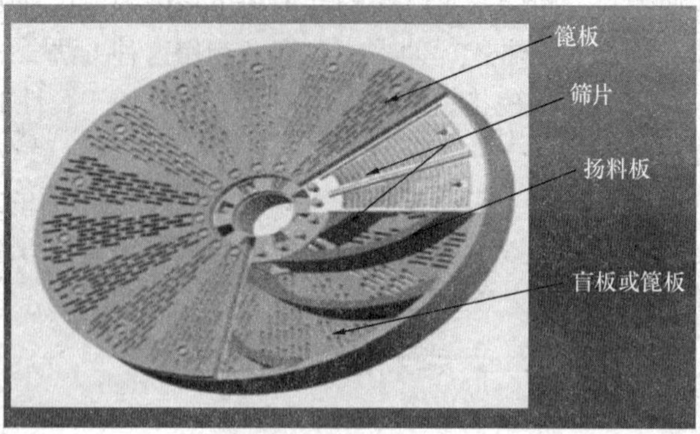

图 2-10

端用中心圆板连接在一起，圆板上的孔起通风和防止研磨体窜仓的作用。

单层隔仓板结构简单，占的有效容积少，不易损坏，故较多采用。

双层隔仓板：由前隔仓板（又称筛板）和后隔仓板（又称盲板）组成。前隔仓板的作用是通过物料，后隔仓板的作用是保护扬料板不被后一仓的研磨介质碰坏。

双层隔仓板通常用于生产能力较大的三仓或四仓管磨，且多于用一、二仓之间。它使前仓物料的前进速度较快，且不受相邻仓料面高度的影响。

双层隔仓板可分为选粉式隔仓板、提升式隔仓板及过渡仓式隔仓板等多种。

双层隔仓板的结构复杂，装于磨内后，磨机的有效容积较小，加上容易损坏，用得较少。

239. 什么是磨机的临界转速，如何计算

磨内研磨体的离心力随磨机转速的加快而增大。磨机转速加快到一定程度时，研磨体的重力被离心力抵消，研磨体便随磨体一道回转而不下落。管磨机在此时的转速被称为临界转速。

管磨机的临界转速计算式：

$$n_0 = \frac{29.98}{\sqrt{R}} = \frac{42.4}{\sqrt{D_i}}$$

式中 n_0——管磨机的临界转速（r/min）；

D_i——管磨机的净空内径（m）；

R——管磨机的净空半径（m）。

240. 管磨机各仓的粉磨能力为什么需相互平衡

若管磨机某仓的粉磨能力小于其他仓，磨机便只能在粉磨能力低仓的产量下进行粉磨作业，其他各仓和整个磨机的生产能力都不能发挥出来，故需重视各仓粉磨能力的平衡问题。

各仓的粉磨能力不平衡主要原因是：各仓研磨体级配和装载量、仓内衬板的形式和分布方式及磨机各仓长度比例。

通过磨内物料筛余曲线的测定，可判断各仓的粉磨能力是否平衡。

241. 什么是扬料板，它有什么作用

扬料板是一般双层隔仓装置和出料篦板装置中的专用零件。

作用：将通过隔仓板或出料篦板篦孔落入双层隔仓装置或出料篦板装置中的物料提升到一定的高度，然后沿着扬料板再滑落或抛落到卸料锥体上，借助于锥体的锥度，物料再滑入一仓或出料中空轴内，进而将物料排出。

242. 扬料板有几种形式

扬料板有 3 种形式：辐射直线式扬料板、曲线式扬料板、斜置直线式扬料板。

曲线式扬料板又分为：圆曲线式扬料板、对数螺线式扬料板、阿基米德螺线式扬料板、中间同时滑落内外端急剧弯曲式扬料板、倾角变化式扬料板、外摆线式扬料板。

243. 辅助传动的作用有哪些

（1）使磨体能够准确地停在所要求的任何位置上；

（2）使磨机慢速转动；

（3）保护磨体，减少停磨后的变形；

（4）作为预启动之用。

244. 磨机筒体端盖及筒体断裂原因有哪些

（1）磨机在加工制造、运输和安装过程中不经心形成的沟痕，出现裂纹、断裂；

（2）不适当的维修导致断裂；

（3）选材不当导致断裂；

（4）磨机超载导致断裂；

（5）筒体厚度和端盖厚度不足导致断裂。

245. 粉磨系统为什么要定期进行检修

磨机运转到一定时间，由于机械磨损和易损件的消耗，使一些零件降低了原来的精度甚至损坏。因此，一些零件如衬板、篦板等到一定时期就应更换或修理，以便保持磨机的正常运转。

定期检修就是按设备零件的磨损及疲劳规律，在零件尚未失去其工作能力或精度以前，有计划地定期进行预防性修理和更换。

定期检修按设备的损坏程度分为小修、中修和大修 3 种形式。

246. 磨内掉衬板的原因有哪些

（1）由于螺栓松动，衬板随筒体回转时不断窜动而拉断螺栓。

（2）衬板间的缝隙过小，当衬板受到研磨体砸击而延伸时，衬板鼓起，螺栓被拉断。

（3）磨机开车预热时，热风温度过高，受热不均，磨内某些部件急剧膨胀而挤压衬板，卡断螺栓。

（4）螺栓质量差，磨损严重时，使衬板脱落。

247. 磨机轴承发热的原因有哪些

（1）润滑油供给数量不足或中断。如润滑油消耗后没有及时补充；供油系统发生漏油或堵塞现象；油环断开；喷油嘴被碰掉或位置移动，使润滑油不断喷入瓦口。

（2）冷却水不足或中断，油箱内装油量超过挡板高度，失去冷却作用。

（3）轴承密封不好，进入灰尘或杂物，增加了轴瓦间的摩擦。

（4）油的黏度小或长期使用后质量变差。

248. 入料螺旋松动的原因有哪些

（1）受开停车冷热变化的影响，固定螺栓容易松动。

（2）入磨物料（黏土）中混有的石块卡死在螺旋筒叶片内，跟随磨机回转时，碰击喂料溜槽，卡坏螺栓。

（3）受热管的支架强度小，受高温后发生倾斜，螺旋筒回转时受到摩擦，卡坏螺栓。

249. 球磨的优点有哪些

（1）单机产量大并能够连续生产，能满足大规模工业生产要求。

（2）粉碎比大，平均粉碎比可达 300 以上，产品细度可以人为调节和控制。

（3）对物料的适应能力强，可干法亦可湿法生产，还可烘干和粉磨同时进行。

（4）结构简单、坚固、运转可靠，易维护保养。

（5）气密性好，适应负压操作，防止粉尘飞扬。

250. 球磨的缺点有哪些

（1）效率很低，一般磨机的电能利用率只有 20%左右，大量电能转变为热量而消耗。

（2）体积庞大、笨重，钢材用量多。

（3）噪声大，造成噪声污染。

（4）磨机筒体要求转速较低，所以一般需配用减速机拖动。

（5）研磨体、衬板、隔仓板等磨损严重。

251. 引起磨机主轴承温度过高的原因有哪些

(1) 轴瓦刮研不良，接触面精度达不到规定要求。

(2) 润滑油牌号选择不正确。

(3) 冷却水不足或停止。

(4) 润滑油使用时间过长，未能及时更换。

(5) 传动不平稳，引起机械振动。

(6) 超负荷运行。

(7) 轴承盖密封不严，进入杂质。

252. 为什么要控制入磨物料粒度

入磨物料粒度的大小是影响磨机产量的主要因素之一。入磨物料粒度越大，则第一仓的研磨体规格越大。在装载量相同的情况下，研磨体的个数减少，就会减少研磨体对物料的冲击和研磨的次数，降低粉磨能力。同时，粒度过大会造成计量不准，影响配料的准确性，因此要达到优质、高产、低消耗的目的，必须严格控制入磨物料的粒度。

253. 加强磨内通风对产量、质量有何影响

干法磨机进行磨内通风，如适当增加风量，可以冷却磨内物料，改善物料的易磨性，及时排出磨内水蒸气，降低糊球和篦子板堵塞现象，增加细物料在磨内的流速，减少物料的过粉磨现象和细粉的缓冲垫层作用，因而提高粉磨产品的产量、质量。

如风量过大，则加重成品收尘器的负担。对开路磨来说，产品则易“跑粗”，因此，选择适当的风量是提高磨机产量、质量的重要因素。

254. 为什么要均匀喂料

(1) 若喂料过多，则磨机负荷太大，因研磨体的冲击和研磨能力不足而使粉磨效率降低，选粉机回料也将增加，这样又增加了磨机负荷，如此相互影响，最后被迫止料或减料，产量反而下降，也不利于质量控制。

(2) 若喂料量过少，磨机负荷小，球料比增加，使研磨体间相互撞击，造成电耗和钢耗增加，产量、质量下降。因此应均匀喂料，保证磨机稳定生产，提高磨机产量、质量。

255. 引起磨机筒体变形的原因是什么，怎样预防

长期停磨时，由于筒体自重及研磨体与物料重量的影响久而久之会引起筒体变形。

因此，若停磨时间较长，一定要把研磨体倒出，以防止筒体变形。另外，磨温升高，也容易引起变形，所以，应控制引起磨温升高的一系列因素。

256. 物料在磨内的流速对磨机产量、质量有何影响

磨内物料流速太快，产品细度变粗。反之，若物料流速太慢，产品细度变细和产生过粉磨现象。所以在生产中必须把物料的流速控制适当，特别是一仓物料的流速更不应太快，使粗粒物料尽可能在一仓磨得细些，否则粗粒进入第二仓将使后仓粉磨困难，产生“跑粗”而被迫减料，影响磨机产量。

257. 为什么要进行研磨体级配

物料在粉磨的过程中，需要研磨体对物料进行冲击作用和研磨作用，在研磨体装载量不变的情况下，小研磨体比大研磨体总的比表面积大，与物料接触的机会多，为达到某一标准细度的物料，应选择小研磨体。从另一方面看，要将大块物料击碎，才能有效地进行粉磨，这样就必须使研磨体具有较大的能量。选用研磨体的规格与被粉磨物料的粒度有关系，物料粒度越大，研磨体的尺寸也应越大。由此可见，磨机中完全使用大直径或小直径的研磨体都是不合理的，必须进行合理的级配。

258. 粉磨的基本原理是什么

（1）磨机回转时，研磨体由于惯性离心力的作用与筒体一起回转并被带到一定高度，在此高度下，研磨体像抛射体一样抛落下来，将筒体内物料击碎。

（2）磨机在回转的同时，研磨体还产生滚动和滑动，因而研磨体、衬板与物料之间发生研磨作用，使物料磨细。

（3）由于进料端不断强制喂料，而物料又随筒体做回转运动，使物料向前挤压，再借进出料间的料面高差，使物料由进料端缓慢流向出料端，完成粉磨作业。

259. 磨机主电机电流明显增大的原因有哪些

（1）磨内加球过多或喂入物料过多；

（2）轴承润滑不好，齿轮过度磨损；

（3）传动轴承水平不一致或联轴器偏斜；

（4）磨内有其他附加负荷。

可调球调料、更换润滑油、调轴承水平。

260. 磨机隔仓板有几种，其特点是什么

（1）磨机隔仓板有单层和双层两种。

（2）单层隔仓板的优点：结构简单，装卸方便，占磨内的空间少，多为小型磨机采用。

其缺点：物料流速慢，产品细度难控制，易返料。

（3）双层隔仓板的优点：可使物料流速快，起强制物料通过的作用，物料的通过不受相邻两仓料面高低的限制，甚至前仓料面低于后仓料面的情况下，物料

仍可通过，从而可使各仓有适当的“球料比”。

其缺点：结构复杂，占磨机有效容积大，通风阻力大。

261. 工业粉尘的危害有哪些

（1）使原材料和产品造成损失，增加生产成本；

（2）浪费能源，增加电耗；

（3）污染环境；

（4）危害人体的健康；

（5）影响工农业的生产；

（6）损害设备等。

262. 研磨体定期补充的依据是什么

（1）根据单位时间内研磨体的消耗量；

（2）根据磨机产量与单位产品研磨体的消耗量；

（3）根据磨机主电机电流所指示的负荷降低情况；

（4）实测磨内研磨体平面降低的高度；

（5）根据填充率的变化。

263. 风机振动的原因是什么

风机振动的原因是风机与电机两轴不同心，主要是因为：

（1）风机进出口风门位置不正确；

（2）风叶本身不平衡或挂灰较多；

（3）地角螺栓松动或基础不平。

264. 磨机的电动机功率主要消耗在哪几方面

（1）用来提升研磨体到一定高度，并使它具有一定的运动速度抛射出去，这部分能量主要用于粉碎物料；

（2）用于克服主轴承和传动系统的机械摩擦；

（3）研磨体在冲击和研磨物料过程中产生大量噪声和热量。这种声能和热能也消耗了电能。

265. 管磨的传动方式主要有哪几种

目前管磨的传动方式主要有边缘传动和中心传动。

（1）边缘传动的大齿轮直径大、笨重、传动效率低。

（2）中心传动的效率较高，但其减速机的精度要求高，齿轮热处理要求高，对生产管理要求较严格。

266. 选粉机有几种形式

选粉机的形式主要有：通过式选粉机、离心式选粉机、旋风式选粉机、

0-Sepa型选粉机、风动式选粉机。

267. 什么是组合式选粉机，其优点是什么

组合式选粉机是将静态和动态选粉机两者结合在一起，既起粗粉分离器的作用，又起正常选粉机的作用，并且均可用于烘干。

其优点：一方面简化了粉磨系统；另一方面提高了选粉效率，因为带尘气体已经进行粗选粉，同时选粉区内没有带尘的气体循环，降低了选粉区的细粉浓度。此外单位的细粉量高，因此压力降低。

该选粉机相当于粗粉分离器和笼式转子选粉机的结合，适用于生料粉磨系统。

268. 旋风式选粉机的细度调节方法有哪些

（1）改变主轴转速，从而改变物料的惯性离心力。加快转速，产品变细；减慢转速，产品变粗。

（2）改变小风叶片数。增加小风叶片数，产品变细；减少小风叶片数，则产品变粗。

（3）调节细度最方便的方法是控制调节阀的开度。当要求产品细度变细时，可把调节阀开度开大一些，使循环风机吹出的风量由支气管经另外设置的风机和收尘器排出，则进入选粉室的风量减少，风速变慢，只有较细的颗粒才能被吹入旋风筒，其余的颗粒均作为粗粉降落，由粗料口排出。

（4）当要求的细度变粗时，可把调气阀关闭一些，使进入选粉室的风量增大，不是很细的颗粒也能吹入旋风筒，以成品形式排出，产品即变粗。

269. 旋风式选粉机的主要特点有哪些

（1）由外部风机产生循环气流，空气效率高，而且带粉尘的气流先经旋风筒分离然后入风机，风叶磨损小，气流调节方便。

（2）小风叶、撒料盘的转速单独调节，避免了离心式选粉机大小风叶统一调速的矛盾，调节细度比较灵活。

（3）外面均布的小旋风筒净化率高，使回风含尘率大大降低，一般小于$20g/m^3$，从而使选粉区的实际粉尘浓度有所降低，使选粉效率提高，改进了离心式选粉机的缺点。

（4）粗粉下落过程中经过滴漏装置，进行了再次选粉。

由于以上特点，旋风式选粉机的选粉效率大为提高，且单位选粉室面积产量大幅度增加。

270. 物料在磨内停留时间与磨机产量有何关系

物料在磨内停留时间对粉磨效率和产品质量关系很大，物料流速太快，产品细度变粗；反之，若物料流速太慢，则产品变细或产生过粉磨现象，产量低而电

耗大，因而降低粉磨效率，所以在生产中应把物料的流速控制适当，特别是要注意头仓物料的流速不应快，使粗粒物料尽可能在头仓磨得细些；否则，粗粒跑到二仓磨不细，就有可能“跑粗”而被迫减料，影响磨机的产量。

271. 粗粉分离器调节产品细度的方法有几种

粗粉分离器调节产品细度的方法主要有两种。

（1）改变气流速度。气流速度低时，选出的细粉细，反之则粗。若要大幅度地改变气流速度，则需要与粉磨系统的循环风量结合考虑，在正常操作中一般不宜频繁变动。

（2）改变调节叶片的角度。其夹角越小，气流的离心分离作用越大，选出的细粉越细，反之则粗。

272. 闭路粉磨系统磨机喂料量过大的判断方法及处理办法分别是什么

判断方法：

（1）磨音低；

（2）磨机电流增大；

（3）提升机功率上升；

（4）粗粉分离器出口负压上升。

处理办法：降低喂料量，在低喂料量的情况下让系统运转一段时间。待仪表显示的参数表明磨内较空时，缓慢增大喂料量；当仪表指示的参数正常后，稳定喂料量。

273. 闭路粉磨系统磨机喂料量不足的判断方法及处理办法分别是什么

判断方法：

（1）磨音高；

（2）磨机电流下降；

（3）出磨提升机功率降低；

（4）粗粉分离器出口负压下降；

（5）成品量低。

处理办法：慢慢增大喂料量，待磨机电流表、提升机功率表、粗粉分离器出口压力表的指示值均正常后，稳定喂料量。

274. 闭路粉磨系统磨机一仓隔仓板篦缝堵塞的判断方法及处理办法是什么

判断方法：

（1）一仓磨音下降，喂料量被迫减少；

（2）出磨提升机功率降低；

（3）粗粉分离器出口负压上升；

（4）二仓磨音增强。

处理办法：

（1）降低喂料量（或停止喂料）并进行观察；

（2）增大磨机通风量；

（3）若入磨物料含水多，则设法降低含水量；

（4）如一仓中喷水，应暂时停止，待正常后恢复；

（5）上述措施无效时，停磨检查处理。

275. 开路磨磨机产量高、产品细度粗的原因有哪些

（1）研磨体直径太大，研磨体间空隙率过大，前仓研磨体填充率比后仓高出过多，致物料在磨内的流速太快，来不及充分粉磨即卸出磨外；

（2）隔仓板和出料篦板的篦缝过宽，物料尚未被粉碎至合理细度即进入下一仓或卸出磨外；

（3）粗磨仓的长度太短，物料尚未粉碎到一仓可以处理的粒度即进入下一仓；

（4）喂料量过大；

（5）干法磨的磨内通风太高。

276. 开路管磨产量低且细度细的原因有哪些

（1）喂料量过少；

（2）磨内风速太低，物料的缓冲作用严重；

（3）隔仓板过料面积不足，也可能是隔仓板篦缝被铁屑或杂物堵塞；

（4）一仓研磨体填充率太低，平均球径太小，同时尾仓的填充率太高，球径太小。

277. 管磨滑动轴承和减速机宜采用什么润滑油

管磨滑动轴承用20、30、40、50、70号机械油润滑，其恩氏黏度一般为 $E(100℃)=1.5\sim2.5$。单位负荷大，或高温季节及地区，宜选较大号数的油；反之，则选较小号数的油。

磨机配套的减速机严格按减速机说明书规定的润滑油润滑。小型减速机用HL20或HL30号齿轮润滑油，也可使用HJ90号或70号机械油。

278. 润滑油起泡的原因有哪些

（1）在做飞溅或油浴润滑时，若油位过高或油的黏度偏大，浸入油中的大齿轮转速快（大于100r/min），润滑油受到剧烈搅拌；

（2）油池中的冷却水管破裂，冷水漏入润滑油中，导致油变质；

（3）回油管的位置过高，回油以大的压力冲击油面；

（4）油中的机械杂质、水分、抗氧化力等指标都远不符合指标。

279. 减速机齿轮磨损的主要原因有哪些

（1）齿面在超负载下运行；

（2）齿面的硬度低；

（3）齿轮的侧间隙大，齿轮有滑动和撞击现象；

（4）润滑油黏度小或油量不足；

（5）润滑油中混有杂质、粉尘、金属屑等。

280. 减速机齿轮擦伤的原因有哪些

齿轮接触面上若未形成连续的润滑油膜，减速机在运行过程中，齿面上受的压力便很大。齿面接触部分的温度因压力过大而很高时，某一齿面的一部分会将另一齿面的一部分咬住，较软齿面被咬住的部分甚至被撕下，使齿面上出现很多沟槽。

齿轮齿面压力过大，润滑油黏度太低，齿轮接触面上不能形成连续油膜，齿轮接触部分温度过高，齿轮转速太慢均可导致减速机齿轮擦伤。

281. 管磨检修过程中须注意哪些安全问题

（1）切断电源，并在开关上挂出“正在检修、禁止送电”的警告牌；

（2）检修人员须戴安全帽；

（3）安装磨门时须先检查，确认磨内无人和工具后，方可上磨门；

（4）拆卸或安装衬板、篦板及隔仓板的过程中，防止落下伤人。

282. 磨机如何分类

按传动方式划分：中心传动磨、边缘传动磨、无齿轮磨、摩擦传动磨。

按长径比可分为：短磨、中长磨、长磨。一般长径比小于 2 的称为短磨，3 左右的称为中长磨，大于 4 的称为长磨。一般短磨不分仓，中长磨为双仓，长磨为 3 或 4 仓。

283. 窑灰的主要化学成分是什么

窑灰以 CaO 为主，含量在 40%～50%；其次为 SiO_2（含量在 10%～20%）、烧失量（含量为 10%～30%）；f-CaO（含量为 1%～20%），余下为 Al_2O_3、SO_3 和碱等。

284. 循环负荷率、选粉效率和粉磨效率的相互关系是什么

选粉后，产品中通过某一标准筛的细粉量与喂入选粉机物料中通过该标准筛的细粉量之比，称作选粉效率，用百分数表示。

循环负荷率增大时，单位时间的物料通过量增多，物料在磨内的停留时间缩短，过粉磨现象减少，磨机的生产能力提高。但当循环负荷率过大时，一仓的料层增厚，球料比减小，研磨体的冲击力减弱，致产量下降，而且选粉机由于物料通过量增大，选粉效率下降。

选粉效率增大时，磨内过粉磨现象减轻，电耗下降，但若采用过多降低循环负荷率的方法提高选粉效率，将导致粉磨效率下降。

粉磨效率随循环负荷率的增加而增大，随选粉效率的提高而提高；而选粉效率又随循环负荷率的增加而降低。

285. 研磨体窜仓的现象、原因和处理措施分别是什么

现象：

(1) 出磨产品的产量不稳定且质量较低；

(2) 产品细度反常，且有大颗粒；

(3) 磨音混杂，一仓有较弱的研磨声，二仓有较强的冲击声，两仓的磨音相近，还夹杂着大块金属的冲击声。

原因：

(1) 隔仓板的材质不良，在磨机运转过程中被研磨体冲断；

(2) 隔仓板磨损严重，未及时更换，在研磨体的冲击下破损；

(3) 螺栓材质欠佳或紧固不良，隔仓板在磨机运转过程中脱落；

(4) 隔仓板篦缝间的金属因被磨穿而掉落，两面三刀条或多刀条形成洞。

处理措施：

立即停磨，倒出仓内的研磨体，更换损坏的隔仓板。研磨体重选后，重新级配入磨。

286. 级配对磨机产量的影响有哪些

(1) 研磨体的比重大，表面光滑且不粘料、不破裂、不变形时磨机的生产能力高。

(2) 球形和长圆柱形研磨体较立方形、圆盘形、圆锥形等研磨体生产能力高。

(3) 填充率在合理范围内且装入的研磨体量可做有效工作时，填充率高则生产能力大，填充率过高或过低时，磨机的生产能力均偏低；各仓的研磨体填充率呈递减方式分布时，对产量的提高有利。

(4) 级配（包括平均球径、最大球径、最小球径、钢球级数）合理时，磨机的产量明显提高。以合理的制度补球清仓时可使磨机的高产时间维持较久。

287. 怎样计算已配合钢球的平均球径

已配合钢球平均球径的算法，通常有两种：

(1) 重量平均球径，以各直径级钢球的重量做加权平均：

$$D_g = \frac{D_1 \cdot G_1 + D_2 \cdot G_2 + D_3 \cdot G_3 + \cdots}{G_1 + G_2 + G_3 + \cdots}$$

(2) 个数平均球径，以各级球的个数做加权平均：

$$D_n = \frac{D_1 \cdot N_1 + D_2 \cdot N_2 + D_3 \cdot N_3 + \cdots}{N_1 + N_2 + N_3 + \cdots}$$

式中 D_g——重量平均球径（mm）；

D_n——个数平均球径（mm）；

D_1，D_2，D_3，…——各级球的直径（mm）；

G_1，G_2，G_3，…——D_1，D_2，D_3，…级球的重量（t）；

N_1，N_2，N_3，…——D_1，D_2，D_3，…级球的个数，即各直径碳钢球的每吨个数（个）。

288. 旋风式选粉机有哪几种调节细度的方法

(1) 改变选粉室上升气流速度。提高选粉室上升气流速度，能使水泥细度变粗，反之则变细。改变选粉室上升气流速度有两种方法：一是开大或关小离心通风进风管上的风门，调节总风量，从而改变选粉室上升气流速度；二是开大或关小控制管道上的调节阀门时，上升气流速度改变。

(2) 改变辅助风叶片数。增加辅助风叶片数，产品细度变细；减少辅助风叶片数，产品细度变粗。

(3) 改变主轴转速。改变主轴转速便是改变辅助风叶和撒料盘的转速，如加快主轴转速则增大辅助风叶产生的气流侧压力和撒料盘的离心力，产品细度则变细。

(4) 调节循环风量或调整撒料盘的回转速度也可以调整水泥细度。

289. 磨机中空轴供油量低报警，有哪些原因

磨机中空轴供油量低的原因有：

(1) 油泵故障或工作性能下降。

(2) 供油系统过滤器中脏物太多。

(3) 输油管漏油。

(4) 回油阀变动。

290. 回粉量波动不稳定的原因有哪些

回粉量波动不稳定的原因：

(1) 一、二仓不平衡，二仓能力低。

(2) 喂料量和出料量不平衡。

(3) 喂料量不均也造成回力低。

(4) 上游设备有故障，物料流动不畅。

291. 影响旋风式选粉机选粉效率的因素有哪些

影响旋风式选粉效率的因素有：

(1) 选粉机转速。选粉机转速高时，物料在选粉机内分散得薄而均匀，细粉

被选出，其选粉效率就高。

（2）循环风机挡板开度。循环风机挡板开度的大小不同，循环风量不同，因而细粉的选量有大有小，其效率不一样。

（3）选粉机进粉量。进粉量过大，则选粉效率差；选粉量小时，选粉效率好一些。

292. 用粗粉分离器如何调整水泥细度

粗粉分离器主要是通过调整顶部的导向叶片（0°～90°）来调整水泥细度，导向叶片角度小时，被气流带起的物料细度细，反之则细度粗。

293. 选粉机出口气体温度高，怎样解决

选粉机出口气体温度高，大多是因为进入选粉机内的冷却量不够造成的，另外一个主要原因是出磨料的温度高，带入选粉机内大量热量。因此，应适当开大废气管道上的挡板开度，使更多的冷气进入选粉机内部，加强冷却。

294. 选粉机电流突然波动较大的原因及解决措施分别是什么

原因：

（1）上部或下部的轴承烧坏，运转不灵活；

（2）胀圈变形，断脱卡死；

（3）选粉机撒料盘或风机有机械故障；

（4）喂料中混有大块杂物，喂料处堵塞；

（5）速度控制器故障；

（6）立轴下端大螺帽松动，撒料端毂下降；

（7）电动机有电气故障。

解决措施：

（1）更换轴承、胀圈；

（2）检修撒料盘或风叶；

（3）清除堵塞；

（4）检修速度控制器；

（5）拧紧大螺帽；

（6）通知电工检查、维修电动机。

295. 磨机在正常运转时造成磨体轴承发热的因素有哪些

（1）润滑油供给数量不足或中断；

（2）冷却水不足或中断，油箱内装油量超过挡板高度，失去冷却作用；

（3）轴承密封不好，进入灰尘或杂质，增加了轴瓦间的摩擦；

（4）油的黏度小或长期使用后质量变差；

296. 加强磨机通风应注意哪些事项

为加强通风，应减少磨内空气阻力和增大通风面积，在不影响隔仓板强度的条件下，适当增加篦孔数量与宽度，或改进隔仓板的形式等，可以增大通风面积。另外，防止漏风也很重要，如漏风多，必定减弱磨内的通风。要减小管道阻力，应避免积灰及堵塞，保持良好的通风条件。

297. 物料的粉磨过程是什么

物料由进料装置喂入磨内，在磨内冲击和研磨，随着进料端和出料端的料位差和磨内通风，物料由进料端缓慢流向出料端口卸出磨外。然后由机械输送至选粉机，细粉被选出收集入库，粗粉回磨重新粉磨，完成物料的粉磨过程。

298. 研磨体级配的意义是什么

为了使磨机的粉磨效率提高，不仅要考虑研磨体的装载量而且必须确定哪几种规格的研磨体及其用量，即研磨体级配。磨机在进行粉磨时，物料一方面受到研磨体的冲击作用，另一方面受到研磨体的研磨作用，显然在单位时间内，研磨体与物料接触点越多，粉磨越容易完成。当磨机装载量一定时，要增加物料与研磨体的接触，则研磨体越小越好，但另一方面，要想将较大的物料块击碎，则研磨体必须有足够的冲击能力才行。磨机的任务是既要保证对圈套的料块进行破碎，又要将物料研磨到一定细度，因此，在其他条件（如磨机各仓长度，入磨物料料度等）一定时，这个任务只能通过选择大小适合的研磨体和将它们合理配比才能完成。

299. 机械设备对润滑材料的基本性能要求是什么

（1）应有适当的黏度和流动性，以便形成隔离摩擦表面的油膜或油楔。

（2）具有良好的润滑性或油性，以适应边界润滑的条件，使润滑材料黏附在摩擦表面上，不致由于挤压而脱落。

（3）抗乳能力强，抗泡沫性好。

（4）有较高的统一计划和较高的化学稳定性，以防止迅速氧化变质。

（5）较低的摩擦系数、较高的导热性能和较大的热容量。

（6）腐蚀性能低。

（7）可靠的适应性。

300. 对磨机产量、质量产生影响的因素有哪些

影响磨机产量、质量的因素很多，下列诸因素的影响较大；物料粒度过大，易磨性差，物料水分过大，或熟料温度过高，研磨体装载量和级配不适当。篦缝堵塞过多，磨内通风不良影响物料流速，或篦缝过大，控制不住物料的流通，衬板被磨损严重，影响冲击效果，操作不稳定，喂料忽多忽少。磨机的各仓长度，选粉效率与循环负荷率，粉磨产品的细度要求等。

301. 怎样提高旋风式选粉机的选粉效率

（1）提高选粉机转速，确保重物料散布得均匀。

（2）保持合理的风叶个数，使粗颗粒物料少量进入成品中。

（3）控制合理的循环风量。

（4）搞好锁风挡板的密封。

302. 电动机振动的主要原因是什么

（1）机电设备的地脚螺钉产生松动；

（2）电动机与被托运设备的对轮不同心，或减速机等其他设备齿轮啮合不好，有机械问题；

（3）电动机冷却风叶变形，风叶上粘上了大量黏尘或异物，风叶上平衡块脱落；

（4）电动机本身问题（如三相不平衡，定转子扫膛；电动机两端轴承间隙过大或因安装质量而上下跳动）。

303. 磨机喂料量不足的判断方法和处理办法分别是什么

判断方法：

（1）电耳信号（磨音）高，现场听到磨音脆响；

（2）磨机电流变大，提升机功率降低；

（3）磨头负压上升，选粉机出口负压下降；

（4）磨中负压下降。

处理办法：慢慢地增加喂料量直到各参数正常为止。

304. 细磨仓堵塞的判断方法及处理办法分别是什么

判断方法：

（1）电耳信号降低，现场听到磨音低沉；

（2）提升机功率下降；

（3）磨尾负压下降。

处理办法：

（1）检查粗粉分料阀位置是否全部打到磨尾，并调整到合适的位置；

（2）检查入磨尾风温是否过低，适当提高磨尾风温；

（3）若上述措施无效，则停磨检查。

305. 成品细度粗的调整方法是什么

调整方法：主要是调整选粉机转速来控制成品细度；调整循环风量来调整成品细度；在允许的转速范围内，仍达不到细度要求时，则调整导板开度来满足要求；调整磨内钢球级配；降低喂料量。

306. 组合式选粉机堵塞的判断方法是什么

判断方法：

（1）磨头、磨尾、磨中出口负压下降；

（2）空气输送斜槽无料或少料；

（3）皮带机上无料或少料；

（4）选粉机出口负压上升。

307. 立磨主减速机轴承温度超限的原因及处理办法分别是什么

原因：油管长、弯头多、阻力大、压力分油器供油不足。

处理办法：将油管由 ϕ11mm 改为 ϕ16mm 铜管，减少弯头。

308. 立磨磨辊液压系统漏油的原因及处理办法分别是什么

原因：油管接头为螺纹连接，加工精度低造成漏油。

处理办法：将油管螺纹连接改为法兰连接。

309. 立磨吐渣（生产中吐渣）原因及处理办法分别是什么

原因：

（1）入磨气体负压值过低；

（2）磨盘料层薄；

（3）入磨物料量过大；

（4）磨辊压力不足；

（5）入磨风量小，风环风速低。

处理办法：保持排渣口畅通不积料，减小排渣口漏风，并定期更换磨辊与筒体的密封；建立稳定的料层，增加物料湿度；适当减少喂料量；适当提高磨盘挡料圈的高度；适当减少风环面积，控制风速在 50～70m/s。

310. 立磨吐渣（开停机吐渣）原因及处理办法分别是什么

原因：

（1）落辊加压迟于入料时间，造成开车吐渣；

（2）辊减压提前于停料时间，造成停车吐渣。

处理办法：

（1）正常开车加压必须稳而快，1min 内辊压力加至所需压力；

（2）停机检修后磨盘无料，开车时先落辊不加压，待物料厚度增至 50～60mm 时逐渐加压，3min 内完成加压过程；

（3）停料后 30s 慢慢减压继而抬辊（同步操作也可避免）。

311. 立磨振动原因及处理办法分别是什么

原因：

（1）入磨气体温度高，入磨物料过干；

（2）磨辊压力不合适；

（3）进磨物料粒度过大；

（4）进磨物料量不均匀，黏土断料；

（5）磨盘料层薄；

（6）进出磨机压差值增大。

处理办法：

（1）控制入磨气体温度在 110～125℃；

（2）降低磨辊压力，适当降低产量；

（3）杜绝大块料时磨，石灰石＜25mm、黏土＜50mm；

（4）保证连续均衡喂料，无卡料、断料；

（5）正确使用磨盘喷水，保持料层厚 20～65mm；

（6）调整磨内物料循环，减小磨内阻力，控制压差值在－(7.7～7.6)kPa。

312. ATOX 立磨拉伸杆断裂原因及处理办法分别是什么

原因：

（1）拉伸杆上面没有保护套，运转中物料击打拉伸杆，造成磨损；

（2）由于螺纹头根部应力集中，中部直径增大后冲击韧性降低长期处于交变应力作用下，加上 3 个磨滚衬板高度不同造成断裂（中部拉伸杆断裂）。

处理办法：

（1）在拉伸杆上焊上保护套，并避免动转中相碰；

（2）改进拉伸杆结构。

313. ATOX 立磨连接头和内部关节轴一起从磨滚轴上脱出原因及处理办法分别是什么

原因：

（1）更换空气密封环时须将连接头和关节轴承一起从磨滚轴上拔出，多次操作，轴表面被拉伤；

（2）轴表面硬度低，上半表面受压产生变形；

（3）轴承抱死时轴承内圈与轴相对转动；

（4）安装时轴承内圈内端面留有距离，没有到位；

（5）以上原因使轴承与轴由过盈配合成为间隙配合，继而螺栓断裂，连接头脱出。

处理办法：

（1）改进空气密封环，使密封环更换方便；

（2）将轴承内圈刷镀，恢复到要求轴径；

（3）将轴承内圈内端面顶到位；

（4）将轴承压盖螺栓强度提高。

314. ATOX 立磨磨滚衬板产生裂纹原因及处理办法分别是什么

原因：安装不当，衬板底面与磨滚面不均匀接触，导致衬板振动。

处理办法：正确安装新衬板。

315. 磨盘衬板移位的原因及处理办法分别是什么

原因：安装时压块底面接触到磨盘，而斜面并未与衬板接触。

处理办法：将压块底面车去适当厚度。衬板内卡面卡到磨盘的卡槽，外卡面由3块压块的卡面卡住，每块压块用螺栓固定磨盘。

2.3 高级工/三级

316. 管磨的总体结构是什么

管磨基本上由进料装置、支承装置、回转部分、出料装置和传动装置5个部分组成。

（1）进料装置：进料装置的任务就是把被粉磨的物料很好地喂送到磨体中去。

进料装置一般包括下料斗（管）、支架、衬板、喂料溜子等主要部件。对烘干磨来说，还有进风管和膨胀节等主要部件。

（2）支承装置：分为主轴承式、滑履式、混合式、托轮式4种。混合式的支承装置就是磨体一端用主轴承支承，而另一端用滑履支承，这种支承装置方式对烘干磨十分有利，现在应用得比较普遍。

（3）回转部分：回转部分就是随磨体一起回转的所有零部件，它主要包括磨头、中空轴衬套、磨机筒体、隔仓装置、出料篦板装置、进出料螺旋筒、各种衬板和挡球圈等部件。

（4）出料装置：也叫卸料装置，有中心和周边两种卸料形式。

（5）传动装置：是把电能转换成机械能，使磨机回转部分转动的装置。

317. 管磨磨内通风的作用是什么，怎样判断磨内通风是否适当

管磨磨内通风有下述作用：

（1）及时带出合格的细粉，减少过粉磨现象和缓冲作用，从而提高粉磨效率；

（2）及时排出物料在粉磨过程中产生的热量和水蒸气，降低磨内温度和湿度，防止粘磨、粘球或堵塞隔仓板和篦板的篦孔，提高磨机的产量；

（3）避免石膏脱水，防止水泥假凝；

（4）可减少磨头冒灰，改善环境卫生。

有关资料介绍：加强磨内通风一般可使磨机产量提高5%～15%。

一般根据磨尾风速判断磨内通风情况。通风正常时磨尾风速：开路磨为0.6～0.9m/s；闭路磨为0.4～0.7m/s。风速太小，磨机产量低；风速太大，产品细度变粗。

318. 管磨各仓的粉磨能力为什么需相互平衡

若管磨某仓的粉磨能力小于其他仓，磨机便只能在粉磨能力低仓的产量下进行粉磨作业，其他各仓和整个磨机的生产能力都不能发挥出来，故需重视各仓粉磨能力的平衡问题。

各仓的粉磨能力不平衡的主要原因是：各仓研磨体级配和装载量、仓内衬板的形式、分布方式及磨机各仓长度比例不合适。

通过磨内物料筛余曲线的测定，可判断各仓的粉磨能力是否平衡。

319. 辊压机的特点有哪些

（1）粉碎原理为料间粉碎，其破碎力直接作用于颗粒层，使颗粒间相互受压，颗粒压实后还要继续受压而被粉碎。颗粒受压后内部产生大裂纹，其中30％～50％为成品（指压水泥熟料时），便于后续工序加工。

（2）施给的压力为纯压力也称高压力（压辊的有效能直接传给物料）。这种压力所产生的应变是剪力产生的5倍。水泥工业用的压力为15～200MPa。

（3）金属消耗量少，辊面堆焊耐磨金属时，磨损量一般小于0.5g/t，辊面寿命可达4000～8000h。维护容易，辊面磨损后，可在不拆机的情况下堆焊。

（4）辊压机占地面积小，易于布置，可用于老线的技术改造，又可用于新建的粉磨系统。

（5）投资相对较省，增设辊压机的投资仅为新建同等效果粉磨系统的40％～50％。

（6）辊压机的节电效果好，与管磨相比，一般可节电15％～25％，增产25％～40％，如果配或增设高效选粉机，节电将达到50％，增产在85％以上。

（7）在操作过程中，喂料系统须保持一定的料位，两辊间应充满物料，挤压效果将达到较理想状态。

320. 什么叫研磨体的填充率，如何计算

装入磨机筒体内的研磨体的容积与磨机的有效容积的比值或研磨体所占断面面积与磨机有效断面面积的比值叫作研磨体的填充率，一般用百分数表示，按以下公式计算：

$$\rho=\frac{G}{Vr}\times 100\%$$

或

$$\rho=\frac{F_{\mathrm{Y}}}{F_{\mathrm{X}}}\times 100\%$$

式中 G——某一仓研磨体的重量（t）；

V——某一仓的有效容积（m^3）；

r——研磨体的容积，一般取$r=4.5t/m^3$；

F_Y——研磨体所占的断面面积（m^2）；

F_X——磨机筒体的有效断面面积（m^2）。

F_X 与 F_Y 的关系见图 2-11。

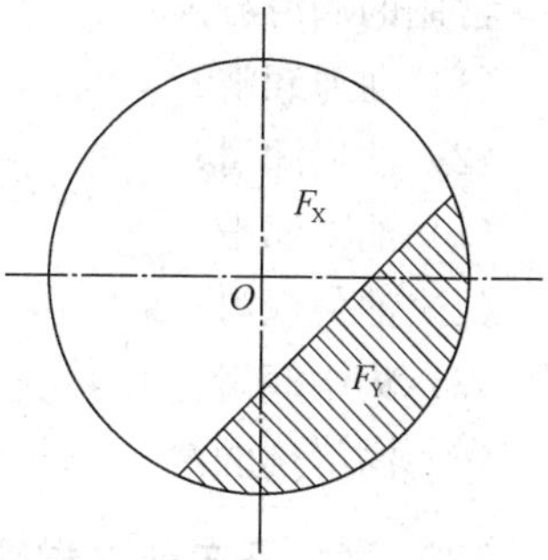

图 2-11

321. 倒球的操作方法及注意事项分别是什么

在磨机倒球时，首先打开磨门，间断地转动磨机，仓内的球便经磨门卸出。设有慢驱动装置的磨机，则以该装置带动磨机做慢速转动，倒出仓内的球。

为避免钢球冲击地面并便于运走，启动磨机前，在正对磨门的地面上先垫好倾斜板，使卸出的球自动滚到适当的地方。

若磨内装的是高铬球，应先打开磨门，冷却 8h 后倒球，倒出的球不应落于过湿的地面上，球未充分冷却前不可沾水。

322. 物料在扬料板上的运动过程可分为哪 3 个阶段

（1）物料被扬料板带起达到一定的位置，并且由此开始向下滑落；

（2）物料沿扬料板滑落；

（3）物料脱离扬料板，并因脱离点的径向速度与切向速度作用呈一定的抛物线轨迹抛落。

323. 隔仓板中心件的作用有哪些

单层隔仓装置的中心件由筛板法兰和中心板构成；双层隔仓装置的中心件由导料锥和中心圈构成。

中心件的作用有 4 个：

（1）联结作用。隔仓装置的外圈均与磨机筒体固定，而内圈则靠中心件的联结作用使其牢固。

（2）通风作用。

（3）防止研磨体窜仓。

（4）导料作用。双层隔仓装置的中心件还有导料作用。

324. 润滑的作用及常用的润滑方式分别是什么

润滑的作用：

（1）减小摩擦系数；

（2）减少磨损；

（3）降低温度；

（4）缓和冲击、减轻振动；

（5）清洗摩擦面。

常用的润滑方式：

（1）油绳润滑；

（2）油垫润滑；

（3）油圈润滑；

（4）油勺润滑；

（5）集中润滑；

（6）润滑剂润滑。

325. 磨机开车前要做哪些工作

（1）检查各处的螺栓是否松动，设备内部及筒体上有无杂物；

（2）检查各液压润滑系统的润滑油是否充足和冷却水系统的冷却水是否畅通；

（3）检查各管道阀门是否灵活可靠，各管路系统有无渗漏现象；

（4）确认磨头仓有足够的物料；

（5）各处的安全联系信号和安全保护装置灵敏可靠，所有仪表、照明均完整良好；

（6）确认现场没有影响磨机运转的障碍物；

（7）检查所有的人孔门、检修门的密封，防止生产时漏风、漏料、漏油等。

（8）检查设备是否备妥，及时处理存在的问题；

（9）检查各用气点的压缩空气管路是否能正常供气，压缩空气压力是否达到设备要求；

（10）确认磨机出料所入的库，避免混料，造成质量事故。

326. 磨机运转正常时，遇到什么情况要急停车

磨机正常运转中，发生下列情况之一，就要立即停车检查处理。

（1）主轴承的振动超过规定的值；

（2）中空轴轴颈温度超过 75℃；

（3）减速机、电动机或磨机齿轮运转不正常时，出现异常振动、噪声、温升；

（4）大小轴瓦因信号和自动控制失灵而导致润滑系统、水冷系统发生故障，使润滑温升超过规定值或不能正常供油；

（5）磨机各处的连接螺栓发生松动、折断、脱落、冒灰；

（6）隔仓板因堵塞而影响正常生产；

（7）磨机内部零件发生破裂、脱落；

（8）输送物料设备发生故障，阻碍物料输送；

（9）选粉和收尘设备发生故障；

（10）出料圆筒筛发生严重堵塞而使物料经排渣口排出；

（11）有关附属设备或其他零件发生故障损坏。

327. 磨机的完好标准是什么

（1）磨机的主要技术性能达到或超过设计要求，满足生产工艺要求；

（2）设备的零部件齐全完好，虽有磨损或较小缺陷（变形、裂纹），但已制止其恶化，并按时检修，正常负荷下能保证安全生产；

（3）设备运转正常，各润滑面无严重拉伤、磨损、锈蚀现象，轴承无超温现象；

（4）传动系统正常，无异声，无异常振动，各部位螺栓齐全紧固；

（5）润滑及冷却装置齐全，油质符合要求，润滑良好，水路畅通，无泄漏现象；

（6）电动机运转正常，电气控制、保护及联锁装置齐全，动作灵敏，接地可靠，电气线路齐全；

（7）设备清洁安全，护罩齐全坚固。

328. 循环负荷率对粉磨效率有何影响

（1）循环负荷率在一定范围内适当提高，可使磨内物料量增加，物料流速加快，强化研磨体的冲击和研磨作用，会提高粉磨效率。循环负荷率提高后，回磨物料中的细粉量增加，经过再次粉磨，成品中的微细粉增加，使产品的比表面积增大。

（2）循环负荷率太高，回磨的粗料太多，会对研磨体的冲击和研磨起到缓冲、衬垫作用，从而降低粉磨效率。

（3）循环负荷率太低，磨内物料流速慢，过粉磨现象严重，粉磨效率低，磨机产量降低。

329. 根据磨机产量、质量怎样判断研磨体装载量和级配情况

（1）磨机产量较高，产品细度较粗。有可能是磨内物料流速太快，冲击能力过强，研磨能力不足所致，此时应适当减少大球、增加小球或钢锻，以加强研磨作用。

（2）磨机产量低，产品细度较粗，有可能是由于研磨体磨损量过大或没有及时补充球或原装载量不足所致，此时应检查后确定添加研磨体或重新进行级配。

（3）磨机产量低，产品细度较细，可能的原因有两种：

1）小球太多，填充率过大，导致冲击作用减弱，此时应减少小球数量，适当增加大球数量，降低磨内研磨体的填充率。

2）大球太少，冲击能力弱，粉磨能力较强，此时应适当增加大球。

330. 磨机正常运转时如何根据磨音确定喂料量

（1）一般一仓的正常磨音是有微弱的钢球直接冲击衬板声，但不振耳，响而

不坚。研磨体在一仓有“沙沙”的摩擦声，说明磨音正常，喂料比较合理。

（2）当喂料量少时，磨音强，喂料多时磨音低。如一仓磨音变弱，听不见冲击声，甚至磨机进料端返料，说明物料过多或物料粒度大、硬度大或水分大，粉磨效率降低。

（3）若磨音高，则一般物料少。因而应根据磨音的变化，适当调节喂料量。中控操作员应根据磨机电耳的变化结合岗位的信息反馈及时调整喂料量，保证粉磨作业正常。

331. 阶梯衬板有哪些优点，常见的衬板还有哪几种（写出至少 5 种）

（1）同一层研磨体被提升的高度均匀一致；

（2）衬板表面磨损均匀，也就是说磨损后不致显著地改变其表面形状；

（3）衬板的牵制能力作用到其他层次的研磨体，这样不仅减少了衬板与最外层研磨体之间的滑动和磨损，而且防止不同层次的研磨体之间的滑动和磨损。

其他常用衬板：平衬板、压条衬板、分级衬板、小波纹衬板、凸棱衬板、波形衬板、半球衬板、端盖衬板等。

332. 怎样使磨内通风良好，通风对生产的作用有哪些

使磨内通风良好的方法：

（1）系统排风管道畅通；

（2）系统排风管道漏风少。

通风对生产的作用：

（1）降低磨内温度；

（2）及时排出磨内水蒸气；

（3）减少物料的缓冲垫层；

（4）提高磨机的产量，改善环境卫生；

（5）合格的成品被及时抽走，减少物料的过粉磨现象，提高磨机的粉磨效率。

333. 磨机系统运转中的检查主要有哪几方面

（1）喂料系统：要检查喂料装置的运转情况、物料的储备情况、入磨物料粒度变化情况。

（2）磨体和传动部位：要检查磨机的磨头护板、衬板、隔仓板、磨门等有螺栓部位是否有漏料和螺栓松动现象，磨机传动部位、减速机、电动机等运转情况。

（3）润滑系统：要检查各轴承的供油情况是否正常，指示仪表是否灵敏可靠、轴承是否过热，中空轴以及减速机的油温检查是重点。

（4）附属设备的运转情况：要检查喂料计量设备、分级设备、各种输送设备、收尘设备等。

334. 与管磨相比辊磨有哪些特点

（1）由于属厚料床粉磨，粉磨方式合理，并且磨内气流可将磨细的物料及时带出，避免过粉碎现象，故粉磨效率高，能耗较低。整个粉磨系统电耗可降低10%～30%，其降低值随原料水分的增加而增加，而且它将破碎、粉磨、烘干、分级等工序集中为一体，大大简化了生产流程和设备台数。

（2）允许入磨物料粒度较大，一般可达磨辊直径的5%，大型入磨物料粒度可达100～150mm，因而可省略第二段破碎，节省投资。

（3）入磨热风从环缝中进入，风速可达80m/s以上，磨内通风截面也大，阻力小，通风能力强，烘干效率高。利用窑尾低温废气可烘干8%水分的物料，如采用热风炉供热，可烘干15%～20%水分的物料。

（4）物料在磨内停留时间短，仅2～4min（球磨15～20min）。故生产调节反应快，易于对生料成分有细度调节控制，也便于实现操作自动化。

（5）金属消耗省，检修时间少，不需要清球，设备运转率可达95%以上。

（6）磨机结构合理，整体密封好（漏风可降到10%以内），扬尘少，噪声低，有利于环境保护。

（7）设备布置紧凑，建筑空间小，且可以露天布置，投资低。

辊式磨的主要缺点：不适用于粉磨磨蚀性大的物料，否则磨辊、磨盘的衬板磨损快，维护工作量大，维修费用增高。

335. 旋风式选粉机的工作原理是什么

如图2-12所示，旋风式选粉机的循环风由离心通风机产生，通风机把循环风从选粉机的中部锥体以切线方向送入挡灰体，并以螺旋形走向上升到选粉室。出磨物料从选粉机顶部喂入，并落到旋转的撒料盘上，由于离心力的作用，物料被撒料盘向四周均匀撒开，并与上升气流相遇。大颗粒物料受惯性离心力作用，克服重力和分选气流的作用力，碰到筒壁后失速被收集，作为粗粉回磨。较细的颗粒被上升气流分离出来，随气流上升到辅助风叶处时，颗粒的受力状态和离心式选粉机辅助风叶区的作用完全一样。中等颗粒受辅助风叶产生的旋风筒收集作用，沿内锥下沉，并在挡灰体处又受到循环气流的再分选；细小的颗粒即要控制的合格颗粒，随上升气流穿过辅助风叶，经旋风头进入旋风筒，在离心力作用下被收集。旋风筒分离后的气流从出风管、空气管道再次被吸进通风机，形成闭路循环通风。

336. 如何根据磨机产量和质量来检验研磨体填充率和级配是否合理

（1）磨机产量低，产品细度较粗，有可能是研磨体磨损过大或装载量不足，此时应检查确定添加各种研磨体或更换新的研磨体。

（2）磨机产量较高，但产品细度较粗，有可能是磨内研磨体的冲击能力过强、研磨能力不足、物料流速快所致。此时应减少大球、增加小球，增加研磨能

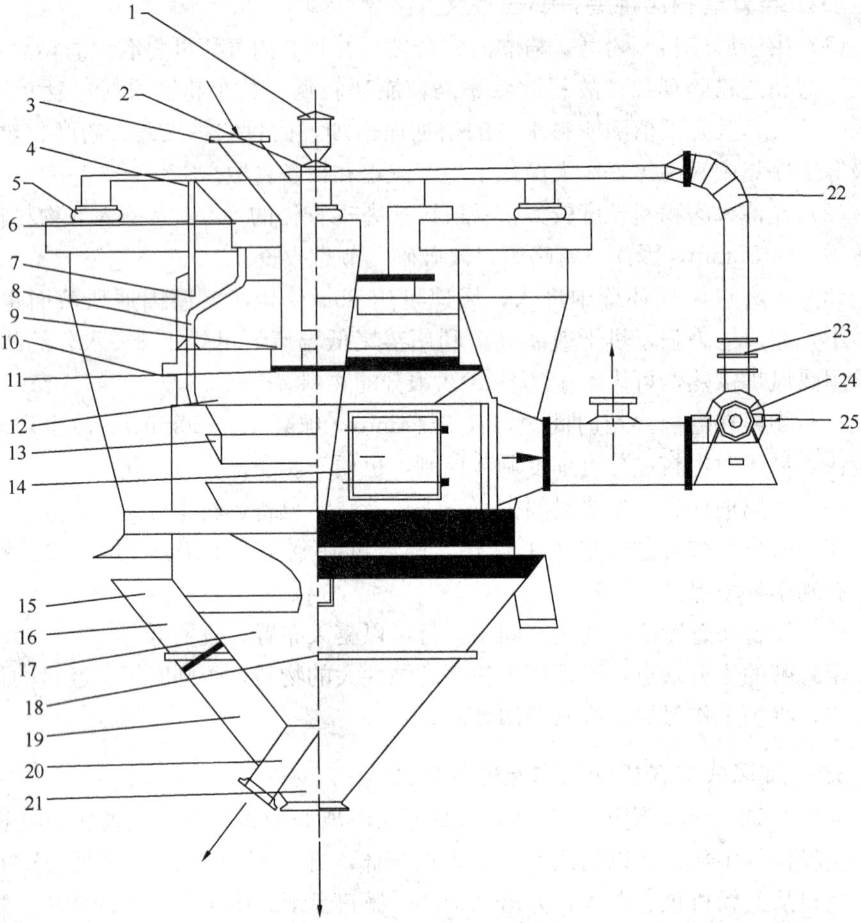

图 2-12

1—电动机；2—减速机；3—进料溜槽；4—空气除尘管；5—主轴承；6—旋风收尘器顶部；7—下料管；8—分级带；9—离心分级装置；10—旋风收尘器；11—回转撒料盘；12—气流；13—导料装置；14—人孔盖；15—细粉；16—锥形壳体；17—粗粒部分；18—粗粒；19—下锥体；20—粗粉；21—细粉；22—连接软管；23—膨胀节；24—风机；25—电动机

力，同时减少研磨体之间的空隙，降低磨内物料流速，使物料得到充分粉磨。

(3) 磨机产量低、产品细度细，有可能是小钢球太多、填充率太高，导致冲击破碎作用减弱，或者是大球太小、冲击减弱，研磨能力较强，应适当增加大球，加强冲击能力。

337. 旋风式选粉磨的产品细度粗，如何进行调整

(1) 调整空气控制管道上的调节阀门的开度，开大调节阀门，降低上升气流的速度，使产品细度变细。

(2) 增大辅助风叶的片数，使产品细度变细。

（3）加快主轴转速，增大辅助风叶产生的气流侧压力和撒料盘的离心力，使产品细度变细。

338. 影响水泥强度的主要因素有哪些

影响水泥强度的因素很多，大体上可以分为以下几方面：水泥的性质、水灰比及试体成型方法等。

（1）水泥的性质：主要由熟料的矿物组成和矿物结构、混合材料的质量和数量、石膏掺量、粉磨细度等决定，所以不同品种和不同生产方式所生产的水泥，其性质是不同的。

（2）水灰比：水泥只有加水拌和后才能产生胶凝性，加水量的多少对水泥强度有直接的影响，加水量多则强度降低。

（3）试体的成型方法包括灰砂比、搅拌、捣实等也直接影响到水泥强度值的高低。水泥胶结材料有一个水化凝结硬化的过程，在此过程中，周围的温度、湿度条件对其影响很大。在一定范围内，温度越高，水泥强度增长越快，温度越低，增长越慢。潮湿的环境对水泥凝结硬化有利，干燥的环境对水泥凝结硬化不利，特别是对早期强度影响更大。

339. 影响水泥水化速度的主要因素是什么

（1）熟料的矿物组成和结构：C_3A水化速度非常快，C_4AF和C_3S次之，C_2S水化速度最慢，但后期强度增进率高。另外，水化产物的结构也影响水化速度。

（2）水泥的细度：水泥粉磨得越细，颗粒表面积越大，与水接触的机会就越多，水化也就越快。

（3）养护温度：温度升高则水化反应加速，β-C_2S受温度影响最大，但C_3A受温度影响较小。

（4）水灰比：增大水灰比会使水化速度加快。

（5）所掺入混合材料及加入不同的外加剂（如缓凝剂、促凝剂等）均可影响水泥的水化速度和水化过程。

340. 石膏的缓凝机理及其在水泥中的作用是什么

在石灰-石膏溶液中，石膏与水化铝酸钙作用生成的水化硫铝酸钙溶解度极低，从而降低液相中的C_3A浓度，阻止水化很快的C_3A所引起的快凝作用；由于生成的水化硫铝酸钙包覆在水泥颗粒表面，形成一层不易透水的薄膜，减少了C_3A和C_3S等熟料矿物的水化作用，从而延缓了水泥的凝结过程。

将水泥熟料磨成细粉和水混合很快会凝结，使建筑施工中的搅拌、运输、振捣、砌筑等工序无法进行，所以磨制水泥时加入少量石膏作为缓凝剂，可起到调节水泥凝结时间的作用。同时，适量的石膏也可提高水泥的强度。因石膏中的SO_3能与C_3S、C_4AF生成针状的硫铝酸钙，这种水化产物强度较高，且含结晶水多，能在同样水灰比的条件下降低水泥石的空隙率，从而提高水泥石的强度和耐蚀性。

341. 什么是水泥的假凝和快凝，避免快凝的措施有哪些

假凝是指水泥掺水拌和后，几分钟内物料就显示凝结的特点，而后经过剧烈搅拌，水泥又会恢复塑性并达到正常凝结。

水泥的快凝与假凝不同：假凝放热量极少，而快凝放出大量热量；快凝的水泥浆体重新搅拌不能再恢复塑性。

水泥的快凝多是由于水泥中的 SO_3 掺入量不足或配料不当而引起的，而产生假凝的主要原因是在水泥粉磨过程中温度太高，造成部分二水石膏脱水生成半水石膏。

避免快凝的措施有：

（1）水泥在粉磨过程中注意降温，首先要降低入磨熟料温度；

（2）磨制水泥时掺入一定量的混合材；

（3）将快凝的水泥存放一定的时间；

（4）水泥熟料中 C_3A 和碱含量不要太多，并控制水泥中 SO_3 含量；

（5）制备混凝土时，适当延长搅拌时间。

342. 管磨隔仓板篦孔堵塞的主要原因及处理办法分别是什么

主要原因：

（1）入磨物料含水量过高；

（2）磨内通风不良；

（3）碎铁屑或杂物夹塞在隔仓板和出料篦板篦缝中。

物料含水量过高时，料粉潮湿，易粘住篦缝，致磨内通风不良；磨内通风不良时，水汽不能及时排出，物料和气体的含湿量增大，使篦缝堵塞现象加重，而篦缝堵塞又加重了通风困难和水分不易排出的问题。这 3 种原因互相影响，使问题越来越严重。

处理办法：

（1）若隔仓板篦缝被料堵塞，可用减少或停止喂料的方法，使堵塞的物料层在隔仓板和物料的自身受热膨胀的条件下开裂，并在研磨体冲振作用下脱落、排出；

（2）若隔仓板篦缝被碎铁屑或杂物堵塞，需停磨，用钢钎和铁锤从隔仓板的进料侧向出料侧冲出，或用带钩的钢筋从出料侧钩出；

（3）若长期未清仓，磨内碎研磨体和杂物过多，隔缝被堵塞过紧、过甚，就进行清仓。

343. 磨头冒灰的原因及处理办法分别是什么

磨头冒灰是磨内通风不良、磨内负压过小、磨头部位处于正压等原因所致。

（1）磨尾排风筒上直径偏小或高度不够；

（2）排风筒上漏风缺口；

(3) 磨机出料口至排风筒的下端严重漏风；

(4) 收尘风机的叶片磨损或风量调节装置的开启度过小；

(5) 磨机的隔仓板或出料篦板的篦缝被堵塞；

(6) 收尘器本身或前后管道严重漏入空气，或管道内有物料堵塞；

(7) 磨头进料螺旋磨损严重，或螺旋筒中卡有异物；

(8) 入磨物料水分大或温度高，致粉磨能力下降。

发现磨头冒灰应查清原因，针对问题进行处理。

344. 怎样做好辊磨液压系统的保养工作

(1) 操作人员须熟悉液压元件控制机构的操作要领，熟悉各元件调节旋钮的转动方向与压力大小的关系，如：搬运和装拆蓄能器时应先打开充气阀，排除充入的空气；油口向下垂直安装等。

(2) 启动液压泵时，若油温低于10℃，需先空转10min左右，方可加载运行。

(3) 液压油需要定期检查和更换，不足时，需加至规定要求。

(4) 注意滤油器的工作情况，定期清洗或更换滤芯。

(5) 日常检查、定期检查和综合检查结果均需详细记录。

345. 调节管磨成品细度的基本原则是什么

(1) 闭路磨，以离心式选粉机组成的系统主要用调节隔风板打进程度和小风叶安装片数的方法调节成品细度，必要时，可调节大风叶的安装片数。一般不轻易减少喂料量。

(2) 开路磨，在磨内水分和通风正常且主电电流和设备制造及安装质量允许的情况下，主要用增加研磨体装载量、调整各仓磨体填充率和级配的方法调整成品细度，细度偏细时，以增加喂料量的方法调粗成品的细度。

346. 如何加强磨机主轴承润滑管理

(1) 据轴承特性选用适用的优质润滑油。

(2) 以油圈、油带作润滑的主轴承，应重点检查主轴承的润滑状况及润滑油质，并加强维护。

(3) 带有强制润滑装置的主轴承，应重点检查润滑站、管路系统、滤油器和冷却器，并定期清洗。

(4) 刮油器须能自由滑动。装上轴承盖后，须通过检查孔检查，并妥善处理，使刮油器能卡在润滑槽沿上。在磨机运转过程中，若油圈与刮油器相互压紧，将导致油圈松动、润滑不良，使滑动轴承烧毁。

(5) 磨机停车时间较长（超过24h）后重新启动时，应提前0.5h从检查孔向轴承注油，待新注入的油充分进入轴与轴承之间后方可启动，以防止磨机启动时，轴与轴承被磨损。

347. 管磨减速机地脚螺栓断裂的原因有哪些

（1）管磨机体振动严重，引起减速机地脚螺栓疲劳；

（2）地脚螺栓材料的碳、硅、硫等成分偏高，内部组织不均匀；

（3）减速机基础或减速机机体不平，垫铁与机体垫的布局不当；

（4）各垫铁受力不均匀；

（5）机体与垫铁间的间隙不等。

348. 管磨的特点是什么

优点：

（1）对物料物理性质（如粒度、水分、硬度等）波动的适应性较强，且生产能力较大。

（2）粉碎比大（一般为300以上，进行超细粉磨时可达1000以上），产品的细度细，且颗粒级配易于调节。

（3）结构简单、坚固，操作可靠，维护管理简单，能长期连续运行。

（4）可适应不同情况的作业，可干法作业，也可以湿法作业，还可把干燥和粉磨两个工作合起来同时作业；可开路粉磨，也可闭路粉磨。

（5）密封性良好，可负压操作，工作场地无粉尘飞扬。

（6）便于大型化，可满足现代化企业大规模生产的需要。

缺点：

（1）工作效率低。电能有效利用率为2%～3%，一般认为<1%，粉磨能量的97%～99%被白白浪费（转变成了热能和声能）。

（2）电耗高。粉磨1t水泥的综合电耗约为(90～100kW·h)粉磨电耗全厂总电耗的三分之二。

（3）设备笨重。大型管磨重达几百吨，一次性投资大。

（4）转速低(多为15～30r/min)，用普通电机驱动需配用减速机，减速机价格高。

（5）研磨体和衬板消耗量大。

（6）噪声大，并有较强的振动。

349. 研磨体级配的原则是什么

（1）当入磨物颗粒度大、硬度大时，需要加大冲击力，钢球直径要增大；反之，则缩小。产品细度放粗，喂料量必然增大，应加大球径，增加冲击力、加大间隙、加快排料、减少缓冲；反之应减小球径。

（2）磨机直径大，钢球冲击高度高，球径可适当减小；磨机相对转速高，钢球提升得高，相应平均球径应小些。

（3）粉磨矿渣水泥时，当产品细度和普通水泥相近时，一仓球径应小些；在相同情况下，生料磨的球径比水泥磨的球径应大些。

(4) 使用双层隔仓板时，球径应比同样排料断面单层隔仓板时小，选用衬板的带球能力不足时，应增加球径。

(5) 一般采用四级配球（锻仓为两种钢锻），即“两头小、中间大”。

(6) 第二仓的最大球径与第一仓的最小球径相等或小一级，总装载量不应超过设计允许的装载量。

350. 高铬铸铁球的使用性能是什么

表面硬度为54～64HRC或50～62，且有耐磨、耐热、耐腐蚀的良好特性，每吨水泥的磨耗量为16～90g，耐磨性是普通碳钢球的8～12倍，为高锰钢球的5～7倍；其冲击韧性为6～10J/cm^2，破损率低于1%。加上补球、清仓次数大减，钢球级配较稳定，且用后表面光滑不粘料，有利于磨机产量的稳定提高。因此，它是一种使用性能优良的研磨体，是研磨体的发展方向。我国铬资源少，这种球的制造工艺难度较大，故价格较高，但它的单位产品实际钢球磨耗费比采用其他材质钢球的低，有条件时，应当选用。

351. 铸造锻的使用性能是什么

(1) 普通铸铁锻：以废钢、废铁和生铁为原料铸成，其硬度小于30HRC，每吨水泥的磨耗量为500g或稍多，价格较低。

(2) 水冷硬模铸铁锻：硬度大，耐磨性好。

(3) 高铬铸铁锻和低铬铸铁锻都是硬度大、耐磨性能好的锻，且用后表面光滑不粘料，碎段比率小，隔仓板和篦缝隙堵塞的概率相应较低。

352. 磨机标定的目的是什么

(1) 发现生产中存在的问题，提高技术改造措施，把粉磨技术经济指标提高到新水平。

(2) 可以帮助操作人员更全面地了解设备性能，掌握粉磨系统中各参数及相关的规律性，从而确定最佳的操作方法。

353. 磨机标定的内容有哪些

(1) 入磨物料性能测定：物料表面温度、含水量、容量、密度、粒度特性、易磨性。

(2) 磨机粉磨能力测定：小时产量、瞬间喂料量、磨内各仓存料量、磨内物料流速、物料停留时间、粉磨系统物料筛余，绘制磨内物料筛余曲线。

(3) 选粉机选粉能力测定：小时选出成品量、负荷量（小时喂料量、选粉效率、循环负荷量）。

(4) 磨机通风及收尘测定：磨机通风量，磨内通风，排出气体含量、尘量，收尘器进口、出口的风压和风量，含尘量及收尘效率。

354. 磨机的功率主要消耗在哪几个方面，为什么磨机的能量有效利用率甚低

磨机的功率主要消耗在：

（1）提升研磨体和物料至一定高度，并使其以一定的速度抛射出去。

（2）克服机械摩擦。

（3）产生声能和热能。

上面 3 种消耗只有第一种为有用功，能量被有效利用，后两种消耗均为无用功，能量没有效利用，所以功率有效利用率较低。

355. 磨机运行中对斗式提升机检查什么内容

（1）有无异常声响和振动。

（2）料斗形状运行是否良好。

（3）轴承温度有无异常发热。

（4）电动机减速面温度。

（5）电动机、张紧头、牵引头、减速器等部位润滑情况。

（6）张紧装置工作是否正常，张紧程度是否适当。

（7）油槽里的油是否保持在规定值上，油温是否正常。

356. 开车前应对磨机润滑装置检查什么项目

（1）检查磨机高低压油泵技术状况是否良好。

（2）检查润滑油在磨机中空轴上的分布情况。

（3）检查油过滤器有无堵塞。

（4）检查油冷却管内有无油污。

（5）检查油中是否混有杂质。

（6）检查重要部位螺栓松动情况。

（7）检查进料斗和出料罩的密封性。

357. 开车前应对磨机筒体检查什么项目

（1）检查磨机筒体各部门螺栓是否松动。

（2）检查磨内衬板、隔仓板是否脱落或损坏。

（3）检查磨隔仓板、出料篦板的篩孔有无堵塞。

（4）检查磨内研磨体装载量是否在规定数量。

（5）检查磨机出口、入口中空轴衬垫磨损情况。

（6）检查磨的人孔是否关闭很紧。

358. 减速机在运转中产生振动和窜轴的原因有哪些

（1）齿轮的齿基磨薄、磨偏和磨出台。

（2）各齿轮的啮合面接触不好和受力不匀，使齿轮的轴间窜动频繁。

(3) 高速轴和中速轴的滑缝磨损或磨出台，轴上的大齿轮连接螺栓松动或断裂。

(4) 出轴大齿轮的轮心与齿圈松动、折断，以及大齿轮的静平衡没找好。

(5) 轴承的间隙过大，三支点轴承不水平，滑动轴承的巴氏合金严重磨损或磨偏，局部或全部熔化，滚动轴承的滚动体磨成麻面或固定架磨坏等。

(6) 轴与齿轮的轴孔配合不好，如孔过大时，造成轴和齿轮的不同心，或齿轮与轴装配松动。

359. 如何判断隔仓板的篦孔堵塞

隔仓板篦孔堵塞的特征是产品细度细、磨音低、产量显著下降。

360. 选粉机齿轮箱发热的原因及排除方法分别是什么

原因：

(1) 齿轮箱缺油，润滑不良，油质不良。

(2) 超载使用。

(3) 转动体本身故障。

排除方法：

(1) 改善润滑，加油或换油。

(2) 控制负荷或改进传动计划。

(3) 按“烧油”胶合、“热塑变形”等具体情况分析处理。

361. 提高磨机粉磨效率的因素主要有哪些

(1) 粉磨工艺流程及其配套辅机的性能（如选粉机、磨头预碎机、磨尾收尘系统）；

(2) 入磨物料的特性（品种有其配比、粒度大小、综合水分、入磨物料温度、易磨性指数等）；

(3) 产品细度（筛余、比表面积及颗粒级配和形状）；

(4) 磨内通风（风量、风压及磨头通风、磨尾锁风等）；

(5) 隔仓板及卸料装置的构造以及磨内仓位的分配；

(6) 衬板（不同仓位衬板的工作面形状）；

(7) 研磨体填充率及其级配；

(8) 磨体的转速；

(9) 粉磨生产操作和设备系统设备调控（适应工艺条件的变动等）。

362. 辊磨（立磨）产生振动的原因有哪些

磨盘上没有形成物料垫层、使磨辊直接接触磨盘，是引起振动的主要原因。

没有形成料垫的原因：

(1) 下料量低。下料量低于辊磨机产量，料层变薄，在拉紧力与本身自重的作用下，出现磨辊直接撞击磨盘而振动。

（2）物料硬度低，易碎性好。在拉紧力较高的情况下，使有一定厚度的料层瞬间压空而振动。

（3）挡料环低。物料易碎，挡料环较低，难保平稳料层厚，应依易磨性提高挡料环。

（4）饱磨振动。磨内物料沉降几乎埋住磨辊，称饱磨。其原因有：下料量过大或分离器转速过快，使循环负荷大，粉料过多，超过磨内气体携带能力；通风量不足，以及系统大量漏风；调整不合适。

实际操作中，MPS3150 型、MPS2450 型分别控制在 2mm、3mm 内。此两型磨料床厚度分别为 80～120mm、60～80mm。

363. 立磨吐渣的主要原因是什么

（1）系统通风量失调。由于流量计失准或其他原因，造成喷口环处风速降低而吐渣。

（2）系统漏风严重。虽风机风量没有减，但磨机、出磨管道、旋风筒、收尘器等大量漏风，使喷口环风速降低而吐渣。

（3）喷口环通风面积过大。因易磨性差没增加产量，通风量不需增加，由于喷口环面积增大使风速降低而吐渣。

（4）磨内密封损坏。如磨盘与下架体间、两个拉架杆的上、下两道密封装置的密封损坏，漏风严重使喷口环的风速减小而吐渣。

（5）磨盘与喷口环的间隙（5～8mm）增大，也会使其风速低而吐渣。

364. 影响立磨性能的要素有哪些

影响立磨粉磨性能的因素：易磨性、磨蚀性和水分。

365. 辊压机正常工作有几个条件

影响辊压机运行的因素较多，要想使辊压机系统达到较好的预粉磨效果，须具备 3 个条件：

（1）必须强制喂料，物料不能呈自由落体状态落入两个压辊之间；

（2）施加于物料颗粒之间的压力必须足够大且要稳定；

（3）喂料粒度应合适，使两辊能顺利地咬住物料颗粒。

366. 磨机中修的内容有哪些

（1）检查减速机（或大、小牙轮）齿轮磨损情况，添加新油和过滤润滑油；

（2）检查传动轴承和进出口磨头空心轴轴径及合金轴瓦衬，刮研调整间隙；

（3）检查磨机轴线水平；

（4）清洗检查并修理润滑系统，包括油泵、油箱等；

（5）清洗冷却水管道及其他供水系统的水垢；

（6）更换磨损的衬板、隔仓板、磨头衬板及衬板螺栓等；

（7）检查筒体或焊补筒体缺陷；

（8）检查并拆修电磁离合器；

（9）小修理的全部项目；

（10）辅助设备及电气设备的修理项目等。

367. 何为“饱磨”，产生饱磨的原因及解决办法是什么

饱磨就是磨机进出物料量失去平衡，磨内瞬时存料量过多。其征兆是磨音发闷、磨机电流下降、磨尾出料少而磨头可能出现返料。产生饱磨的原因：

（1）喂料量过多或入磨机料粒度变大、物料变硬而未及时调整喂料量；

（2）入磨物料含水过多，通风不良，造成“糊磨”，使钢球的冲击力减弱，物料流速降低；

（3）钢球级配不恰当，若一仓小球过多，冲击力不足，或钢球磨损严重而又未及时补球或清仓，因而粉磨作用减弱；

（4）隔仓板磨坏，研磨体窜仓而造成级配失调；

（5）有选粉机的磨机，选粉效率下降，选粉机的回料过多，即循环负荷过高。

解决办法：应查清原因、分别解决。一般是先减少喂料量，如效果不大，则需停止喂料，或加入干矿渣等助磨物料，待磨音正常时，再逐渐喂料转入正常操作。

368. 何为“包球”，产生包球的原因及解决办法是什么

包球的特征是磨音低沉，有时“呜呜”响，出磨筛上水蒸气大，物料较潮湿，研磨体表面黏附较厚的细粉，磨机粉磨能力减弱，以致造成磨尾排出大量未被粉碎的粗颗粒物料。

产生包球的原因及解决办法：

（1）若入磨水分太高，使细粉黏附在研磨体表面，要加强物料烘干，改用干料或临时采用加入少量干矿渣、煤粉，使之逐渐消除。

（2）若通风不良，磨内水汽不能及时排出，导致磨内物料过湿而包球，则应及时清扫风管，改善通风。

（3）在粉磨水泥时，若入磨物料水分不大，但研磨也被细粉粘糊而包球，原因可能是：入磨熟料温度高，磨内无喷水以及磨体未用水冷却，通风又不良，致使磨内温度过高，引起研磨体静电吸附细粉现象加剧。此时，如果减少喂料，会使磨内温度更高，解决办法是降低熟料温度和加强通风以及向磨体淋水或向磨内喷水。

369. 闭路粉磨系统的自动化操作主要包括哪两个部分

闭路粉磨系统的自动化操作能使水泥或生料细度保持稳定并获得较高的合格

率，也能提高和稳定磨机产量，提高劳动生产率。闭路粉磨系统的自动化操作主要包括两个部分：

（1）喂料的自动调节。

1）用电耳根据磨音强弱信号控制磨机喂料量；

2）用提升机的负荷亦即磨内物料通过量控制磨机喂料量；

3）用选粉机的粗料量即回料量控制磨机喂料量。

（2）水泥细度的自动检测和调节。

由于入磨物料性能和其他粉磨条件的变化，使产品细度常常发生波动。为了及时了解细度变化情况并进行自动调节，国外已研究使用一些细度检测仪器。这些检测仪基本上对于每一种粉料的细度进行连续测量。检测仪的指示值可以用来进行手动控制，也可用来改变选粉机辅助风叶的转速，以调节细度。

370. 影响粉磨效率的主要因素有哪些

影响粉磨效率的主要因素：入磨物料的粒度、入磨物料的易磨性、入磨熟料温度、入磨物料水分、粉磨产品细度、磨机通风、选粉效率与循环负荷、衬板形式、隔仓板的位置与形式。

371. V 形选粉机的工作原理是什么

如图 2-13 所示，经料饼提升机提起的带有料饼的物料，由顶部喂入，在经过打散格板（V 形选粉机内部由 V 形格板构成）的过程中，在重力和风力的作用下，物料被碰撞、打散，从而在截面上形成“料幕”；风从进口到出口的过程中随 V 形格板走了 V 形路线，风在穿过“料幕”时，将细粉带走，大部分粗粉在风突然转向时，失去速度而落下，进入承重仓。导风叶片关小时，入磨粒度相对减小，物料量也相对减少；反之则粒度增大，物料量增多。

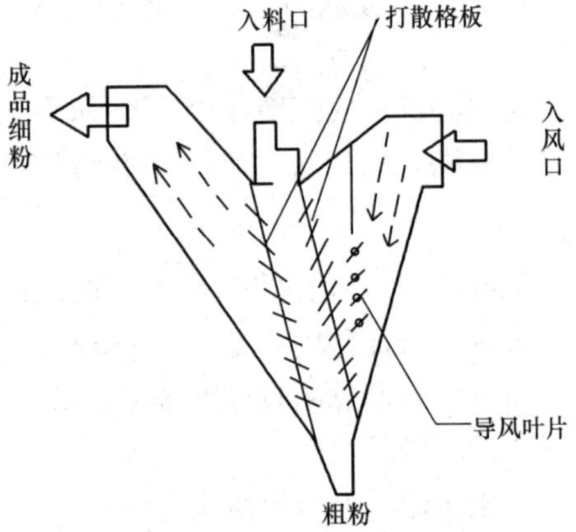

图 2-13

372. 袋式收尘器的常见故障及处理办法分别是什么

（1）运行阻力大。

可能原因：烟气结露，粉尘糊袋子；脉冲阀不工作；脉冲阀工作时提升阀未关闭；压缩空气压力太大；一个或多个提升阀处于关闭状态。

排除方法：堵塞漏风，提高烟气温度；清理或更换；检查提升阀或清灰控制器；检查气路系统及空气压缩机；检查提升阀或清灰控制器。

（2）运行阻力小。

可能原因：工艺系统不工作；滤袋破损；测压装置失灵。

排除方法：恢复工作，此时可见排放浓度增加，应更换或修理滤袋；更换或修理测压装置。

（3）脉冲阀不工作。

可能原因：电源断电或清灰装置失控；脉冲阀内有杂物；电磁阀线圈烧坏；压缩空气压力太低。

排除方法：恢复供电，修理清灰控制器；仔细清理脉冲阀；更换修理测压装置。

（4）提升阀不工作。

原因及排除方法同脉冲阀。

373. 空气输送斜槽的常见故障及处理办法分别是什么

常见故障：

（1）下槽体封闭不好，漏风使透气层上下的压力差降低，物料不能汽化；

（2）物料含水分大（一般要求物料水分<1.5%），潮粉堵塞了透气层的空隙，使气流不能均匀分布，因此物料不能汽化；

（3）被输送的物料中含有较多的密度大的铁屑或粗颗粒，这些铁屑或粗颗粒滞留在透气层上，积到一定厚度时，使物料不能汽化；

（4）汽化风管安装位置不正确或风机风量小；

（5）接料板位置或角度不对；

（6）透气布损坏，使下槽体产生积料。

处理办法：

（1）检查漏风点，采取措施，如用石棉绳密封或用密封胶密封，严重时局部拆卸，重新安装密封；

（2）更换被堵塞的透气层，严格控制物料水分；

（3）定期清理出滞留在槽中的铁屑或粗颗粒；

（4）修改工艺管道，增加风量；

（5）调整接料板位置或角度；

（6）更换透气布并清理积料。

2.4 技师/二级

374. 润滑的作用及常用的润滑方式分别是什么

润滑的作用：减小摩擦系数；减少磨损；降低温度；缓和冲击、减轻振动；清洗摩擦面。

常用的润滑方式：油绳润滑；油垫润滑；油圈润滑；油勺润滑；集中润滑。

375. 磨机中空轴法兰与筒体连接螺栓频繁断裂的原因及处理办法分别是什么

原因：

（1）螺栓材质达不到设计要求，螺栓结构设计不当。

（2）装配质量差。

（3）螺母压紧力衰减，螺母自锁性丧失。

（4）铰制孔用螺栓与铰制孔配合过松，造成中空轴与筒体端盖之间产生径向相对滑移，这时的螺栓（如有个别螺母松动，情况更严重）不仅承受轴向撞击拉力作用，而且受到径向撞击剪切力作用，螺栓受力条件恶劣，导致螺栓在螺栓头与光杆交界处或在光杆处与有螺纹内径交界处断裂。

（5）磨机筒体端材料刚度差，或者筒体端盖内表面与中空轴大法兰外表面不平行，也会导致螺栓断裂。

（6）磨机工作温度高，筒体法兰连接螺栓机械性能降低，有时甚至造成螺栓螺纹牙型变形，连接强度降低而折断。

（7）维修方法不当也会造成螺栓断裂。

处理办法：

（1）提高螺栓自身质量。

（2）建立设备定期检查与不定期巡检制度，发现问题及时解决。

（3）磨机两端中空轴螺栓分别用左右旋螺纹，以适应磨机的左侧传动和右侧传动。左右螺纹螺栓的配置可用如下判别方法：站在磨机一端，沿中空轴线看其转向，如果是逆时针方向旋转，则空中轴这一端宜用右螺纹螺栓，另一端用左螺纹螺栓。如果是顺时针方向旋转，则中空轴这一端用左螺纹螺栓，另一端用右螺纹螺栓。

（4）在磨机使用过程中，要定期检查中空轴与筒体端盖螺母是否有松动现象。

（5）对断裂螺栓，为使其更换后不再造成新的断裂即螺栓频繁断裂故障，可将所有这一端的连接螺栓彻底更换。

376. 磨机主轴瓦磨损原因及处理办法分别是什么

原因：

（1）合金层浇铸有缺陷，存在微细裂纹或有脱壳隐患，表面粗糙，内有气孔，投入运行后自然磨损较快。

（2）轴承衬的润滑不干净，有杂物，或者循环油路不够畅通，运行中供油不及时，增加了主轴瓦与中空轴颈的摩擦力，导致轴瓦过早磨损。

（3）灰尘或物料进入主轴瓦，导致主轴瓦过早磨损。

（4）球面瓦下中空轴配研不好，轴承底座的内球面与主轴瓦球面配研不好，接触斑点分布不均匀，使主轴瓦局部磨损较快。

(5) 磨机过载，加重了主轴瓦的工作负荷，也会造成主轴瓦过早磨损。

处理办法：

(1) 如果主轴瓦工作表面被磨毛或有轻微磨损，一般可采用直接刮研的方法修理。如果主轴瓦有轻微裂纹、掉块或局部磨损等缺陷，可以采用刮研加补焊的方法进行修理。

(2) 对主轴瓦比较严重的磨损，一般采用以下 3 种抢修方法：

1) 当本企业设备和技术力量比较好时，可熔去巴氏合金旧衬，重新浇铸、加工、刮研修复。

2) 不熔去巴氏合金旧衬，采用专用金属喷枪在旧衬上喷上一层新的合金，然后重新进行机加工，刮研修复。

3) 不熔去巴氏合金旧衬，另在衬上用气焊堆焊巴氏合金。

377. 磨机筒体变形原因及处理办法分别是什么

原因：

(1) 磨机长期停止作业时，研磨体和部分物料没有及时卸出，在筒体自身重量和研磨体及物料重量共同作用下，引起筒体变形。

(2) 正在作业的磨机停磨后，筒体温度（受磨内温度影响）比较高，在自然冷却过程中，由于筒体受力不均匀而导致筒体变形。

处理办法：

(1) 在筒体最下部做出标记（可用粉笔等）。

(2) 将筒体翻转 180°。

(3) 设法往筒体内部通入热风。如不具备条件，可在磨机筒体下边放置若干火炉烘烤筒体（注意在烘烤时火炉不能挨近轴瓦，火苗不能窜上筒体且远近适宜）。

(4) 每隔 30min 或 1h 将磨运转半圈，直至目测磨机筒体恢复正常为止。

(5) 撤出筒体升温装置，对磨内衬板及各部位连接螺栓进行检查，修复由于筒体变形引起的其他故障。

(6) 磨机因故障停机作业时，若停机时间在 1h 以上，应在停磨后每隔 30min 将磨运转半圈，停在原来相反的位置上，直到磨机筒体完全冷却为止。

(7) 磨机打算长期停机时，应将磨内研磨体和物料全部倒出（清仓），再按上述方法操作，直到磨机筒体完全冷却为止。

378. 球磨衬板螺栓断裂原因及处理办法分别是什么

原因：

(1) 螺栓的材质；

(2) 螺栓的加工；

(3) 螺栓的受力分析，磨机运转时，由于一仓钢球直径大，冲击力强，使衬板在钢球的撞击下极易产生径向向心引起变形，使螺栓轴向拉应力增大。

（4）当磨筒体转动时，衬板和筒体发生切向相对位移，使螺栓在与筒体相切的两具截面上承受剪切力的作用。

处理办法：

（1）将磨机打空后停机，使螺栓折断处位置朝上，露出料面。

（2）将磨头检修门打开，清理进料螺旋筒内的物料至看清磨内情况。将一根长铅丝从螺栓孔向磨内穿入，为便于拉出，可将铅丝前端事先做尖钩状。

（3）用一前端弯成钩形的圆钢筋从磨头检修门穿入，把铅丝拉出来。

（4）在需要更换的螺栓上焊一垫片（也可事先焊好备用），将垫片拴在铅丝上。

（5）顺螺栓孔往外拉铅丝，使螺栓套在螺栓孔洞上，再穿上垫圈（可用高压橡胶石棉板制作，也可用废旧皮带制作垫圈）和垫片，拧紧螺母即可。

379. 入磨物料易磨性、粒度、水分对磨机产量的影响分别是什么

易磨性是表示物料本身被粉磨的难易程度的一种物理性质，一般用易磨性系数表示。它与物料本身的性质有关，如物料的强度、硬度、矿物结构等。易磨性系数越大，物料越好磨，磨机产量越高。

粒度过大，使磨机一仓研磨体的尺寸增大，在一定程度上增加了一仓的破碎作用，造成粉磨过程不合理。粒度小，在相同装载量下，减小研磨体的平均球径等于增加研磨体的个数，也增加了研磨体对物料的冲击研磨次数，增强了粉磨能力。同时粒度减小后，物料在粗磨仓的停留时间缩短，这样能够增加喂料量，就可以提高磨机的产量、降低电耗。

水分大，会使研磨体及衬板上产生黏附现象，形成“缓冲垫层”，影响研磨体对物料的冲击和粉磨作用。水分大时，水蒸气不能及时排出，易使篦缝堵塞，阻碍物料的流动，通风量降低就使粉磨效率降低。因此，应适当控制入磨物料的水分。

380. 提高粉磨效率的一般工艺措施有哪些

（1）降低入磨物料粒度和水分；

（2）提高入磨物料的易磨性；

（3）选用先进合理的衬板，选用优质研磨体及其合理的级配方案，确定合适的仓长；

（4）采用节能技术，降低磨机主电机电流，适当增加研磨体的装载量，通过技术改造适当提高磨机转速；

（5）选择合理的球料比和物料流速；

（6）开路粉磨改为闭路粉磨；

（7）采用预粉磨技术或分别粉磨的新技术；

（8）采用助磨剂等方法。

381. 研磨体级配的一般原则是什么

（1）根据被粉磨物料粒度的大小、硬度或要求成品的细度确定研磨体的级配，一般入磨物料粒大、硬度大、产品细度粗时研磨体平均球径应大些，反之应小些。

（2）磨机直径小，平均球径也应小些；

（3）单仓磨一般用球，双仓磨一般前仓用球，后仓可用球和锻；

（4）各仓研磨体的级配级数见表 2-2。

表 2-2 磨机研磨体的级配级数

级数 流程	双仓磨		三仓磨		
	一仓	二仓	一仓	二仓	三仓
开路磨	4～5 级（球）	2～3（锻）	4～5 级（球）	3～4（球）	1～2（锻）
闭路磨	4～5 级（球）	3～4（球）	4～5 级（球）	3～4（球）	2～3（球）

（5）各级研磨体的比例可按两头小、中间大的原则配合，用两种锻时可以各占一半。

382. 磨机“两仓能力”平衡的含义是什么

当磨机第一仓最大冲击作用所表现出来的破碎能力与二仓的研磨作用所表现出来的研磨能力相适应时，磨机两仓能力达到了平衡，此时磨机发挥了最大的粉磨效率。

如一仓的最大冲击作用大于二仓的研磨作用，磨机只能在以最大研磨作用的情况下工作，磨机最大冲击作用发挥不出来，这时称一仓能力过大或二仓能力不够；反之，二仓的研磨作用大于一仓的最大冲击作用，磨机只能在最大冲击作用状态下工作。而磨机的最大研磨作用发挥不出来，这时二仓研磨能力过大，或一仓能力不足。

上述两种情况都称两仓能力不平衡，都需要调整研磨体的数量、级配以及两个仓的长度等，可根据筛余曲线的情况适当地进行调整。

383. 磨机产量降低而产品细度难以控制时，应从哪几方面检查原因

（1）研磨体的补充是否及时、补充量是否充足、补充的规格是否合理；

（2）球仓研磨体小球和碎金属块是否过多；

（3）篦缝有无严重堵塞现象，篦缝宽度是否磨损过大；

（4）篦板是否破裂或脱落，衬板是否磨损严重；

（5）物料性质有无变化等。

384. 磨机工艺系统设计应注意什么

（1）磨机的中心高可取磨机直径的 0.8～1 倍，并保持磨筒体下部净空高度

不小于 0.8m，两台以上磨机并列布置时，两磨中心距可取直径的 3～5 倍。

（2）磨机的传动装置与电气控制要与磨机以隔墙隔开，以防止料尘的污染。

（3）在磨房内或附近，应有存放研磨体和衬板的地方。

（4）磨房的净空高度可取磨机直径的 3～5 倍，并应结合磨房内检修设备要求的最小起吊高度来决定。

（5）对大、中型磨机，其上方须设检修吊车，用以吊装衬板、篦板和空心轴承盖等，也可采用电动葫芦。大型磨机的减速机和电动机的上方应设吊车，以便检修用。

（6）当磨机为集中润滑时，油泵站的位置须考虑回油管的斜度不小于 2.5%，这样能减少输油管道堵塞。

（7）根据检修部件的大小，考虑检修空间与部件出入车间门洞的尺寸。

385. 空气输送斜槽堵塞原因及处理办法分别是什么

空气输送斜槽堵塞原因主要是物料湿度大。导致物料湿度大的原因有以下几个：

（1）磨内喷水量大、强制通风不好，使物料吸水；

（2）磨机筒体淋水时，水从松动的螺栓处渗入物料中；

（3）入磨物料本身湿度大。

（4）斜槽方面

1）斜槽安装斜度偏小，槽内物料流动慢，被输送物料性质突然变化或风量风压突然减小时，就容易使斜槽堵塞。

2）斜槽密封不严，漏风较多，物料不能充分流态化，以致输送困难，斜槽堵塞。

3）斜槽内多孔板破裂，鼓风机鼓入空气有一部分从破裂处或缝隙处喷出，形成一股股气柱，物料在此受阻，越积越多，最终堵塞斜槽。

4）斜槽的上槽体排气不及时，槽内物料上方余气较多，上槽体内处于正压状态，透气层上有物料受到向下的压力，不悬浮、不易流态化，导致斜槽堵塞。

处理办法：

（1）物料方面的对策：

1）当入磨物料温度小于 50℃时，应关闭冷却水。

2）控制磨内喷水量不超过磨机产量的 2%。

3）入磨物料水分大时，应进行预烘干。

4）磨机筒体外淋水时，如出现螺栓松动，应及时停水并紧固螺栓。

5）开磨前先开空气输送斜槽，几分钟后开磨，并开冷却水。

6）当出磨物料含渣较多时应及时排渣，阻止其进入斜槽。

7）需要停车时，应将斜槽内物料输送干净后停车；开车时，先开斜槽几分钟再喂料，从而避免因物料冷凝导致的输送困难。

（2）斜槽方面的对策：

1）在斜槽进料端安装自动报警装置，发生堵塞能自动关闭进料口或自动停车。

2）经常检查斜槽工作状况，发现异常时及时处理。

3）及时更换破裂后的多孔板。判断多孔板破裂与否，可通过斜槽观察窗或打开斜槽上部排气口进行观察，当发现槽体内物料有"鼓泡"现象时，多是多孔板破裂了。

4）对斜槽漏风处可用石棉绳、橡皮等密封材料加以密封。

5）斜槽进料端上部要设置锁风装置。

6）在斜槽侧部和上部每隔一段装一个测压装置，当压力变化时，及时查找原因予以处理。

7）在斜槽尾部上方，设置排气管或布袋排气，在每节上槽体可设1～2个排气口，并用过滤层如布袋、铁丝网封口，使上槽余气能被及时排出。

8）斜槽安装斜度，要根据物料粒度、黏度、湿度、自然休止角、输送距离因素合理选取。当无其他原因而物料流动不畅时，应适当增大斜槽斜度或增大风机风量、风压，以此提高物料流动速度，减少堵塞。

386. 管磨机减速机振动的原因有哪些

（1）齿轮的齿面（工作面）磨薄、磨偏和磨出台阶。

（2）各齿轮的啮合面接触不良，受力不均，致使齿轮轴向窜动频繁，发生轮齿断裂或齿圈断裂及轮辐出现裂纹等。

（3）高速轴和中速轴的滑键磨损或磨出台阶，轴上小齿轮的连接螺栓松动或断裂。

（4）轴承间隙过大，三支点轴承不水平。滑动轴承合金严重磨损、磨偏、局部或全部熔化；滚动轴承的滚动体磨成麻面，或固定滚动体位置的固定架磨坏。

（5）大齿轮的轮心与齿圈松动，侧压板松动。压条螺栓松动或折断。

（6）齿轮与轴装配不当，发生了松动。

（7）各轴与齿轮的配合量过大，轴在配合处的轮毂中断裂。

（8）各齿轮加工过于粗糙，轴与轴承磨损，使齿轮圈有非工作面在运动过程中受力。

（9）磨机停磨时发生了轴向窜动，在这种情况下启动时，减速机容易振动，遇到这种情况应立即停磨，重新启动，若停磨时发生反向窜动，振动现象即可消除。

387. 进行研磨体级配应注意的问题有哪些

钢球级配的主要内容是：根据入磨物料的性质、产品细度要求和磨机的结构、性能和流程等确定平均球径，并选择较经济的研磨体填充率；最大限度地缩小中磨仓和细磨仓研磨体的直径。力争在研磨体填充率既定、研磨体冲击力足够的条件下，尽量增加研磨体的装入个数，以最经济的研磨体消耗使磨机产量最高、产品质量较好，且单位产品电耗最低。

（1）力求一仓的钢球级配合理。在多仓磨中，各仓的钢球级配一般都是交叉一级或逐级相连。这样，上一仓的最小球径就决定了下一仓的最大球径，一仓的钢球级配实际上主导着其他仓的钢球级配。

（2）选择一仓钢球的级配时，应使出一仓物料与二仓的粉磨能力相适应。因此：

1）钢球的冲击能力应大于物料的强度极限。

2）仓内应有适当的存料能力，以使物料在仓内有足够的停留时间，从而得到充分破碎。

3）在冲击能量足够的前提下，球径应较小，以求钢球的个数较多，对物料的冲击次数增多，从而提高粉磨效率。

（3）钢球的级数应恰当，级数过少，球间空隙大，物料的流动速度过快，各级球的作用不能合理利用；级数过多，钢球的自然分层现象严重（大球处于空层），粉磨效率低；级数过多还使球间空隙太小，排列难度增大，缓冲作用加剧。干法磨尾仓中应有5%～10%的比最小级锻（球）还小的锻（球）。

（4）在一般情况下，相邻两仓钢球的尺寸一般交叉一级，也可不交叉。在双仓开路磨中，若一仓的填充率低于二仓，一仓最小级球的直径一般不宜小于50mm，以防止一仓的球料比太小。

（5）各级钢球的质量比例一般是两头小、中间大。若被物料中的大块比率大或硬度高，则适当增加大球的比率；反之，可适当增加小球的比率。

（6）同一仓不宜全部采用新研磨体进行级配。因新研磨体表面粗糙，难以与物料充分紧密接触，又易于黏附细粉，而致开路磨第一星期甚至半个月的粉磨效率变差。

388. 分别粉磨的优点有哪些

（1）便于根据不同的性质物料选择不同的粉磨条件；

（2）消除了由于各种物料的易磨性的不同而引起的相互影响；

（3）各种物料可以根据要求磨至不同的细度。

采用分别粉磨后，出磨的物料（如熟料和矿渣）必须混合均匀，否则水泥质量要受到影响。生产经验表明，采用分别粉磨矿渣水泥与采用混合粉磨比，若细度相同，分别粉磨的产量可提高10%左右。

389. 磨机的常见故障有哪些

（1）断齿：减速机在正常运转中，有时突然发生轮齿断裂现象，产生断裂的原因有加工精度不良、机件磨损后发生振动、超载使用等。此外，由于操作时减速机启动的次数过于频繁，当减速机没停稳时又进行第二次启动，或是在启动时操作速度过快，启动负荷过大，磨机超过额定装球量，处于超负荷运转等，也是产生断齿的原因。如发生断齿，可采用焊齿法处理，其效果较好。

（2）齿圈断裂：影响齿圈断裂的因素也比较多，主要有材质疲劳、加工不良、配合不良、减速机在操作时启动的次数过于频繁或启动时操作的速度过快，运转中的严重振动，以及减速机的瞬间或长期的超负荷运转等。如减速机发生齿圈断裂，而其他零件没有损坏，一般情况下需更换齿圈，但因受各种条件的限制不能更换齿圈时，可焊接齿圈。

（3）由于长期运转，磨机传动的大小齿轮必然会产生磨损，甚至磨出台、齿厚磨薄，齿轮振动加剧，从而增加齿轮动负荷，由此产生断齿。此外，还有因螺帽、钢球等金属物掉入齿轮的啮合部位而发生断齿的。传动齿轮齿厚磨损超过约30％时，须更换新齿轮，磨损情况较轻者，可将大小齿轮同时翻转面使用。传动轴承及传动轴发生振动时，须将传动部位的螺栓、螺母紧固，轴承瓦间隙过大时，应减轴承口垫或更换新轴承。传动轴承弯曲或传动部位中心线歪斜，要进行调直找正。

（4）中空轴承温度突然升高甚至发烫、冒烟时，先使磨机慢转，不要急停。因为这时油膜被烫坏，轴颈或轴瓦直接接触，容易发生黏附，从而造成重大设备事故。一般处理办法是：采取散热降温措施然后停磨，经检查，如果查出轴承巴氏合金表面有熔化现象，就必须进行刮研处理。同时，根据情况清洗轴承和润滑系统，然后换新润滑油。

（5）电磁离合器发高热或摩擦片烧坏。

产生的原因比较多，主要有以下几种。

1）离合器闭合太快。其原因有：摩擦片摩擦过薄、磁场圈闭合间隙过小、电压过大、操作不正确等。应相应采取调整磁场闭合间隙和摩擦片与磁场圈的间隙，测量电压与电流判断是否符合规定，检查修理开关接触点等方法进行处理。

2）离合器闭合无力。其原因有：闭合间隙过大或过小，直流电压过低、摩擦片上有油脂、传动机械有障碍等。应相应采取校正磁场闭合间隙和摩擦片与磁场圈的间隙、测量并调整电压、检查并清除油脂杂物等方法进行处理。

3）摩擦片腐蚀过快。其原因有：启动或运转中有严重滑动，启动操作过慢，摩擦片之间灰尘多等。应相应采取校正上述的两个间隙和改进操作等方法进行处理。

4）离合器振动、摆动。其原因有：电动机或传动轴轴承地脚松动，轴承和轴的位置产生变化、轴本身中心线不正、小齿轮轴向窜动、轴承间隙过大等。应查出原因并进行调整处理。

390. 影响磨机产量、质量的主要因素有哪些

（1）入磨物料粒度、水分、易磨性、出磨水泥温度；

（2）磨机结构（直径，长度，进、出料装置，隔仓板和衬板形式，磨机转速等）；

（3）研磨体的级配和装载量；

（4）磨机通风；

（5）磨系统操作和管理；

（6）粉磨流程及选粉机性能。

391. 研磨体运动的基本方程是什么

研磨体运动基本方程表示研磨体脱离角与筒体的转速 n 及筒体有效半径有关而与研磨体质量无关。研磨体脱离角条件方程为

$$\cos\alpha \geqslant \frac{Rn^2}{900}$$

式中 α——研磨体脱离角（°）；

R——筒体净空气半径（mm）；

n——筒体转速（r/min）。

392. 钢球级配一般考虑哪些因素

（1）物料粒度、硬度、易磨性、产品细度等影响因素。入磨粒度大、易磨性差可增加大球占比；产品要求细，二仓可增加小球及钢锻。

（2）大小钢球级配级数不宜过多，否则会减慢流速。

（3）磨内单位容积物料通过量，闭路时（选粉）的回料使磨内单位容积物料通过量大。

（4）衬板表面形状的影响：如衬板形状带球能力不足，则钢球提升高度降低，冲击力减小，此时宜选大一些的球。

393. O-Sepa选粉机工作原理是什么

出磨物料由选粉机的上部喂入，经撒料盘和缓冲板充分分散后，进入由切向管引入的一次风和二次风的分级气流中；受笼形转子和水平分料板的作用，分选气流形成水平涡流，对物料进行分选，细粉从上部出口进入袋收尘器作为成品收集下来，粗粉在下落的过程中被下部进入的一、二、三次风多次漂选，选出的细粉被气流带到上部出口，其余的粗颗粒作为回料从底部出口卸出，返回磨机重磨。

394. 如何判断和调整配球方案

须在生产中检验研磨体装载量和级配。如设计的配球方案能达到（获得）优质高产低耗安全运转的效果，则此配球方案是正确的，否则应予以修正。有如下

3种判断与调整的方法。

（1）根据磨机产量、质量情况判断及调整。

1）磨机产量低、产品细度较粗。可能是研磨体已磨损过大或装载量不足所致，解决的方法：检查以确定添加各种研磨体或更换新的研磨体。

2）磨机产量较高、产品细度较粗。可能是由于磨内物料流速太快、冲击力过大，而研磨能力不足所致。解决的方法：宜适当减少大球，增加小球或钢锻，以减少研磨体之间的空隙，降低磨内物料流速，加强研磨作用。

3）磨机产量低、产品较细。可能有两个原因：一是球径太小，冲击粉碎减弱，此时宜增大球径；二是钢球太多，填充率过大，导致冲击力减弱，此时宜适当调整钢球装载量。

（2）检查球料比。如果球料比数值不在适宜范围内，可依实际情况调整钢球级配。

（3）检查筛析曲线。

1）正常磨机的筛析曲线：一仓入料端有倾斜较大的下降趋势，而末仓接近磨机出口时一般较平缓。

2）一仓粉碎能力不足，表现在一仓中筛析曲线下降不显著，应调整一仓级配（钢球）。

3）筛析曲线有较长的水平线段，说明物料细度变化不大，应改变配球或剔除小研磨体。

4）隔仓板前后物料筛析百分数相差太大，说明两仓能力不平衡。此时宜查隔仓板篦孔宽度是否符合要求，若过大应更换篦板缩小篦孔。若篦孔堵塞，宜剔出杂物，保持篦孔通畅。

5）闭路磨还可查选粉。

395. 挡球圈与挡料圈的作用及区别是什么，挡球圈分级机理是什么

（1）挡球圈作用：分隔研磨体，防止其反分级；阻止物料流速过快；提高粉磨效率与产量。

（2）挡料圈用在长细磨仓，其作用如下：使料面沿仓长保持恒定；延长物料在细磨仓中的停留时间。

（3）区别：挡料圈没有篦孔。

（4）挡球圈分级机理：分级关键在于它的结构具有一系列长孔对研磨体产生的牵制作用。靠近挡球圈的钢球因挡球圈的牵制作用被提升较高，致使钢球的最内层半径R_2较大，在挡球圈附近形成凹窝，大钢球容易运动，即向凹窝处运动。大钢球向凹窝集聚的同时，将小钢球挤走，于是产生了分级。

396. 球磨检修注意事项有哪些

（1）应停机检查；

（2）检查篦板是否堵塞、磨损，螺栓有无脱落；

（3）检查衬板的磨损情况，测量研磨体的填充率，确定研磨体分级是否正确，检查有无“糊球”；

（4）检查进、出料溜子的衬板磨损情况；

（5）检查清洗油过滤芯、润滑油油质，必要时更换；

（6）检查筒体螺栓有无松动；

（7）检查滑履轴承座密封装置，注意检查有无漏油及灰尘侵入观象；

（8）检查磨内扬料板的磨损情况；

（9）冬季停机后应放出冷却水或保持冷却水畅通。

397. 立磨如何控制合理的料层厚度

料层厚度可通过调节挡料圈高度来调整，合适的厚度以及它们与磨机产量的对应关系，应在调试阶段首先找出。料层太厚则粉磨效率降低，料层太薄将引起振动。若辊压加大，则产生的细粉多，料层将变薄；辊压减少，则磨盘物料变粗，相应返回的物料多，料层变厚。磨内风速提高，增加内部循环，料层增厚，降低风速，减少内部循环，料层减薄。在正常运转下，辊式磨经辊压实后的料床厚度宜为 40～50mm。

料层厚度的理论控制值：

$$L_{m1}=\text{磨辊直径的 }2\%+20\text{mm}$$

$$L_{m2}=\text{磨辊直径的 }2\%-20\text{mm}$$

398. 立磨有哪些优缺点

（1）立磨的优点。

1）电耗低：立磨采用滚压料层的方式磨物料，同时本身带有选粉装置，能及时排出细粉，避免了过粉碎现象，因而粉磨效率高、节能效果非常显著。立磨较球磨节电 20%～30%。随着物料水分的增加，节能效果更加显著。

2）入磨粒度较大：立磨的入磨粒度一般在 50～150mm，球磨的入磨粒度一般要求小于 30mm。因此可以省去二级破碎设备。

3）产品粒度较均、齐，调整产品细度和成分容易，便于自动控制。由于立磨粉磨与选粉均在同一机壳内进行，产品粒度均、齐，而且调节分离器转子转速或导风叶开度，能够很快得到需要的产品细度。对生产不同细度的产品很有利，物料在磨内停留时间很短（2～3min），易于自动控制配料和产品的化学成分。从粉磨一种物料改变为粉磨另一种物料，几分钟即可实现。而物料在球磨内停留时间则需 15～20min。立磨尤其适用于立窑水泥厂粉磨全黑生料或半黑生料。

4）工艺流程简单，占地面积小。

5）噪声低、扬尘少、操作维修方便。

（2）立磨的缺点。

立磨不适于粉磨硬质和磨蚀性的物料，使用寿命较短，维修较频繁，而且它的磨损件比球磨的贵，但与其所取代的球磨、提升机、选粉机等设备的总维修量相比，仍显得维修简单、容易和工作量小。

399. 生料优先选用立磨，而熟料选用球磨的主要原因是什么

立磨相对球磨而言，能耗利用率较高，这是目前粉磨系统优先选用立磨的主要原因，但立磨的成品细度过于均齐化，没有合理颗粒级配，这是限制立磨应用于熟料磨的主要原因。

为了保证混凝土的早期强度，水泥颗粒中的0～3μm 颗粒应达10%左右，而为保证混凝土后期强度，3～30μm 的水泥颗粒则需 70%以上。立磨同球磨相比，水泥虽然 28d 强度相同，由于颗粒级配范围狭窄，3～30μm 颗粒高达 82%，0～3μm 颗粒约为 6%，致使其早期强度低、需水量大、易于结块和假凝，并有龟裂，混凝土的和易性也不符合要求。

球磨能耗利用率较低，目前有被立磨、辊压机等设备替代的趋势，但球磨有“颗粒形貌近似球形，有利于生料煅烧及水泥的水化硬化”的独特优点，这是目前熟料磨依然多数选用球磨的主要原因。

2.5 高级技师/一级

400. 立磨蓄能器充氮的注意事项有哪些

在对柱塞蓄能器充氮时，它的储油侧必须先完全卸压后使气囊完全处于自由的伸展状态。如果蓄能器气囊气压太高，可打开充氮装置上的卸压阀进行卸压。充氮完毕后大约 5min，在此期间产生温度平衡，再次检查充氮压力并进行修正。所有的蓄能器中的气体压力必须是相等的并保持稳定。

401. 立磨的工作原理及立磨的类型分别是什么

（1）立磨的工作原理。

主要工作部分为磨盘及磨辊。

电动机通过减速机带动磨盘转动，磨辊在磨盘上绕自身轴心滚动。物料通过锁风喂料装置经下料溜管落到磨盘中央，由于离心力的作用形成环形料床，并被钳入磨辊与磨盘之间，受到挤压作用而被粉碎，并由于相对滑动产生剪切力，使物料被磨细。

立磨上部带有选粉设备。在磨盘的惯性离心力作用下，被粉磨的物料从磨盘边缘溢出，被高速气流扬起到分离器进行分级，粗粉返回磨盘再次受到粉磨（称为内循环），细粉则被气流带到磨外。

没有被高速气流带起的粗颗粒物料，溢出磨盘后被斗式提升机重新喂入选粉

机，再次挤压粉磨（称为外循环）。

可以简称为挤压粉磨、悬浮烘干、选粉分级三位一体的工作过程。

（2）立磨的分类。

按磨辊、磨盘的几何形状分为：

（1）莱歇磨（锥辊-平盘式）；

（2）MPS磨（鼓辊-碗式）；

（3）雷蒙磨（锥辊-碗式）；

（4）伯力鸠斯磨（双鼓辊-碗式）；

（5）彼得斯磨，又称E型磨（球-环式）；

（6）ATOX磨（圆柱辊-平盘式）。

402. 立磨的构造是什么

（1）磨盘：包括导向环、风环、挡料圈、衬板、盘体、刮料板和提升装置等。

（2）磨辊：辊套为易磨损件，要求有足够的韧性和良好的耐磨性能。

（3）选粉机：可分为静态、动态和高效组合式选粉机。

1）静态选粉机：

工作原理类似于旋风筒，结构简单，无可动部件，不易出故障。但调整不灵活，分离效率不高。

2）动态选粉机：

动态选粉机是一个高速旋转的笼子，含尘气体穿过笼子时，细颗粒由空气摩擦带入，粗颗粒直接被叶片碰撞拦下，转子的速度可以根据要求来调节，转速越高，出料细度就越细，与离心式选粉机的分级原理是一样的。它有较高的分级精度，细度控制也很方便。

3）高效组合式选粉机：

将动态选粉机（旋转笼子）和静态选粉机（导风叶）结合在一起，即圆柱形的笼子作为转子，在它的四周均布了导风叶片，使气流上下均匀地进入选粉机区，粗细粉分离清晰，选粉效率高。不过这种选粉机的阻力较大，因此叶片的磨损也大。

（4）加压装置：液压装置、储能器。

（5）监视装置：摇臂监视、振动监视。

（6）传动装置：电动机、减速机。

（7）喷水系统：降低温度、稳定料层。

（8）粗粉外循环系统：提升机。

403. 磨机大修的内容有哪些

（1）更换筒体及其内部结构，包括衬板、隔仓板等；

（2）更换磨头端盖及空心轴；

(3) 更换或翻面使用大小齿轮；

(4) 更换或重新加工进出口主轴承；

(5) 更换进出口轴承座；

(6) 更换全套传动轴及传动轴承；

(7) 更换减速机齿轮、轴、机壳等；

(8) 整修磨机、减速机、电动机基础，加固或重新灌浆；

(9) 全面校正设备基准，磨机中心线找正，校正基础标高等；

(10) 所属辅机一般不列入大修，但中修不能解决的大项目可纳入大修解决。

404. 立磨料层不稳定的原因有哪些

(1) 喂料量与立磨生产能力不适应。

(2) 入磨物料不均匀（混合料仓物料离析）。

(3) 物料的易磨性。

(4) 挡料环高度过高。

(5) 饱磨：下料量大；选粉机转速过快；选粉效率低使内循环负荷大，超过磨内气体携带能力；磨内通风不足。

在操作上应当严格将振动控制在允许范围内，才能为稳定运行创造先决条件。

405. 胶带提升机的常见故障及处理办法分别是什么

(1) 胶带在头轮上跑偏。

故障原因：机头头轮不水平；头轮瓦片覆胶磨损。

故障处理：调整机头部分整体水平度；更换头轮瓦片。

(2) 胶带在尾轮上跑偏。

故障原因：尾轮不水平；连杆摇臂不同步；尾部进料有倾斜角度；头轮瓦片磨损。

故障处理：调整尾轮水平度；尾部必须改为垂直进料方式；检查摇臂旋转部分轴端胀紧套是否松动，并处理。

(3) 电动机工作而减速机不工作。

故障原因：液力耦合器没有注入传动油；液力耦合器易溶塞熔化传动油溢出；液力耦合器与电动机或减速机轴端的连接键脱落。

故障处理：注入液力耦合器总容积的 75%～80%传动油；更换易溶塞，并注入液力耦合器总容积的 75%～80%传动油；检查两端的键槽是否有键。

(4) 设备在运行中突然跳停无法启动。

故障原因：主电源断开；主电机烧坏；尾部集料堵转；有异物进入提升机壳体内卡住料斗。

故障处理：检查主电源；检查并更换主电动机。

（5）机头传动部分振动较大。

故障原因：液力耦合器弹性橡胶圈磨损；扶正框架不牢固；电动机与减速机同轴度偏差过大；减速机高速轴变形扭曲。

故障处理：更换弹性橡胶圈；加固扶正框；检查调整同轴度达到规范要求；检查并更换减速机高速轴。

（6）轴承座温度高并伴有异常声音。

故障原因：轴承缺少润滑油；轴承损坏或轴承座内进灰。

故障处理：加入同型号润滑油至要求的量；更换轴承或密封圈；清空尾部物料；检查并取出异物。

3　水泥粉磨

3.1　初级工/五级

406. 目前水泥粉磨系统有哪几种形式

水泥粉磨系统有以下5种系统：开流粉磨系统、圈流粉磨系统、康比丹磨系统、辊式磨系统、辊压机粉磨系统。

407. 什么是循环负荷率、选粉效率，二者有何关系

循环负荷率：是指选粉机回料量与成品量的比值，用C表示，计算公式为

$$C=\frac{G}{F}=\frac{f-a}{a-g}$$

选粉效率：是指进入成品中的某一规定粒级与选粉机入料中该粒级重量的百分数，用E表示，计算公式为

$$E=\frac{a-g}{f-g}\times\frac{f}{a}$$

在一定的粉磨系统中，选粉效率和循环负荷之间遵循着一定的关系。循环负荷增加，意味着通过磨机物料量增加，从而喂入选粉机的物料也增加，选粉机负荷增大，分离就不易完全，故选粉效率降低。从另外意义来说：选粉机的回料多，那么合格的细粉就少，选粉效率低；如选粉效率高，肯定回料就少，循环负荷也就低。

408. 什么是研磨体，如何分类

研磨体就是用于粉磨物料的介质。

常用的研磨体根据外形可分为球类、锻类和棒类；根据制作材质分为碳素钢、铸铁和合金；根据制造方法可分为锻打和铸造。

409. 什么是活性混合材

凡是天然的或人工的矿物质材料磨成细料，加水后本身不硬化（或稍有水硬性），但与气硬性石灰等激发剂加水调和后，在常温下能够生成具有胶凝性的水化物，不仅能在空气中硬化，并继续在水中硬化的矿物质材料称为活性混合材。

410. 物料为什么要进行粉磨

（1）通过粉磨，提高物料的细度，使磨细的生料易于在煅烧过程中进行物理

化学反应，使磨细的水泥易于水化和发挥强度，使磨细的煤粉能充分地进行燃烧。

（2）在粉磨过程中，使不同比例的原料得到充分的混合，使产品的化学成分和细度都均匀、稳定。

411. 磨机正常运转时，如何根据磨音确定喂料量

一般一仓的正常磨音，有微弱的钢球直接冲击衬板声，但不振耳，响而不坚，研磨体在一仓有“沙沙”的摩擦声，说明磨音正常，喂料比较合理。

当喂料量少时，磨音强，喂料多时磨音低。如一仓磨音变弱，听不见冲击声，甚至磨机进料端返料，说明物料过多或物料粒度大、硬度大或水分大，粉磨效率降低。

若磨音高时，一般物料少，因而应根据磨音的变化，适当调节喂料量，中控操作员应根据磨机电耳的变化结合岗位的信息反馈及时调整喂料量，保持粉磨作业正常。

412. 磨机电耳的工作原理是什么

磨机电耳实际上就是一个声电放大器，由一个声电转换器和一个电子放大器以及控制执行部分组成，工作时把声音换成相应的电信号，由此来调节喂料量。

413. 出磨水泥的控制指标有哪些

出磨水泥的控制指标有水泥细度（或水泥的比表面积）、三氧化硫、混合材的掺加量 3 项控制指标。

414. 风机振动的原因是什么

（1）风机与电动机两轴不同心；

（2）风机进出口风门位置不正确；

（3）风叶本身不平衡或挂灰较多；

（4）地角螺栓松动或基础不平。

415. 什么是水泥的安定性

水泥的安定性指水泥硬化后体积变化的均匀性。影响安定性的主要因素是熟料中游离氧化钙的含量，其次是氧化镁和三氧化硫的含量。

416. 什么是水泥助磨剂

在水泥的粉磨过程中，添加一种能提高粉磨效率的外加剂，它可以消除粉磨中产生的黏附现象，强化粉磨效率，增加磨机产量，这种外加剂称为助磨剂。

417. 什么是复合硅酸盐水泥

凡是由硅酸盐水泥熟料、两种或两种以上规定的混合材料、适量石膏磨细制

成的水硬性胶凝材料，称为复合硅酸盐水泥。水泥中混合材料总掺加量按质量百分比计应大于 15%，但不超过 50%。

418. 什么是硅酸盐水泥

凡由硅酸盐水泥熟料、0～5%石灰石或粒化高炉矿渣、适量石膏磨细制成的水硬性胶凝材料，称为硅酸盐水泥。硅酸盐水泥分两种类型：不掺加混合材料的称Ⅰ型硅酸盐水泥，代号 P·Ⅰ；在硅酸盐水泥粉磨时掺加量不超过水泥质量 5%石灰石或粒化高炉矿渣混合材料的称Ⅱ型硅酸盐水泥，代号 P·Ⅱ。

419. 什么是普通硅酸盐水泥

凡由硅酸盐水泥熟料、6%～15%混合材料、适量石膏磨细制成的水硬性胶凝材料，称为普通硅酸盐水泥。掺活性混合材料时，最大掺量不得超过15%，其中允许用不超过水泥质量 5%的窑灰或不超过水泥质量 10%的非活性混合材料来代替。掺活性混合材料时，最大掺量不得超过水泥质量的 10%。

420. 什么是润滑的凝固点

装在标准尺寸的试管中的油在冷却变稠时将试管倾斜至 45°角，并经过 1min 后油面不流动时的温度，叫作凝固点。

421. 水泥制成的控制项目有哪些

水泥制成是水泥生产的最后一道工艺过程，所以对水泥制成的质量控制是确保出厂水泥符合国家标准的重要环节。

水泥制成的控制项目一般有：物料的配合比（混合材、石膏的掺入量）、水泥细度、三氧化硫、凝结时间、安定性、强度和烧失量等。生产硅酸盐水泥时还应控制不溶物和碱含量。

422. 对水泥喂料有何要求

水泥喂料设备应能满足物料配比的计量要求，确保配比准确。发生断料或不能保证物料配比时应迅速采取有效措施予以纠正。化验室对熟料、石膏和各种混合材的配比要有书面通知。

423. 对入磨熟料和出磨水泥温度的要求有哪些

入磨熟料温度应控制在 100℃以下，出磨水泥温度控制在 135℃以下，超过此温度应停磨或采取降温措施，防止石膏脱水而影响水泥性能。

424. 国家标准对水泥中的三氧化硫含量是怎样规定的

国家标准规定：硅酸盐水泥、普通硅酸盐水泥、复合硅酸盐水泥、火山灰质硅酸盐水泥、粉煤灰硅酸盐水泥中三氧化硫不得超过 3.5%，矿渣硅酸盐水泥中三氧化硫含量不得超过 4.0%。

425. 水泥标准中为何规定水泥细度指标，有几种表示方法

规定细度的主要指标是为了发挥水泥的活性，保证水泥具有良好的施工性能。水泥必须有足够的细度，才能具有强度特性及较好的和易性，不致泌水，并具有一定的时期强度，满足施工进度。水泥的细度不仅直接影响着水泥的生产能耗、质量、产量和成本，也影响着水泥的凝结硬化速度、强度、需水性、析水性、干缩性、水化热、耐风化性等一系列性能，故必须根据具体情况适当控制。

目前表示细度的方法有3种：

(1) 筛余法：以某一规格筛子上的筛余百分数来表示。

(2) 比表面积法：以每千克水泥所具有的总表面积（m^2/kg）表示。

(3) 颗粒级配法：以水泥中不同大小颗粒分布的重量分数表示。

426. 国标对水泥凝结时间是怎样规定的

国家标准规定：硅酸盐水泥初凝不得早于45min，终凝不得迟于390min。普通硅酸盐水泥、火山灰质硅酸盐水泥、粉煤灰硅酸盐水泥和复合硅酸盐水泥初凝不得早于45min，终凝不得迟于10h。

427. 国标对硅酸盐水泥、普通水泥烧失量是怎样规定的

国家标准规定：Ⅰ型硅酸盐水泥中烧失量不得大于3.0%；Ⅱ型硅酸盐水泥中烧失量不得大于3.5%；普通硅酸盐水泥中烧失量不得大于5.0%。

428. 何谓水泥强度，何谓水泥的抗折强度、抗拉强度和抗压强度

水泥胶砂浆硬化试体所能承受外力破坏的能力，称为水泥强度，用MPa（兆帕）表示。它是水泥重要的物理力学性能之一。根据受力形式的不同，水泥强度通常分为抗压、抗折或抗拉3种：水泥胶砂硬化试体承受压缩破坏时的最大应力，称为水泥抗压强度；水泥胶砂硬化试体承受弯曲破坏时的最大应力，称为水泥抗折强度；水泥胶砂硬化试体承受拉伸破坏时的最大应力，称为水泥抗拉强度。

429. 为什么要控制混合材掺加量

水泥中掺加混合材不但可以增加水泥产量，降低水泥成本，而且可以改善水泥的某些物理性能。特别对于立窑生产的游离氧化钙较高的熟料，掺入活性的混合材，不但可以降低水泥中游离氧化钙的相对浓度，还可吸收部分f-CaO，所以能改善水泥的安定性。

但是，由于混合材的加入，水泥中熟料组分就相应减少，因此使水泥强度有不同程度降低，掺加量越大，强度降低越显著。不同品种的混合材对水泥的物理性能影响是不同的。因此，合理的混合材掺入量应在国家标准规定的范围内，根据熟料的质量和混合材的品种、质量来确定。

430. 国标对水泥细度是如何规定的

国家标准规定：硅酸盐水泥比表面积大于300m^2/kg，普通水泥、复合水泥、矿渣水泥、火山灰水泥和粉煤灰水泥80μm方孔筛筛余不得超过10.0%。

431. 二仓隔仓板篦缝堵塞现象及处理办法分别是什么

现象：

（1）一、二仓磨音均降低；

（2）喂料量被迫下降；

（3）出磨提升机功率降低；

（4）粗粉分离器出口负压上升；

（5）磨机通风量不足。

处理办法：降低喂料量（或停止喂料）进行观察；增大磨机通风量；降低入磨物料的水分；上述措施无效时，停磨检查处理。

432. 出料篦板破损的判断方法及处理办法分别是什么

判断方法：

（1）磨尾排渣装置中有钢球排出；

（2）出磨斜槽中有钢球排出；

（3）出磨机的产品细度变粗；

（4）入选粉机的斜槽中有钢球排出；

（5）选粉机有异常的声音。

处理办法：立即停磨，检查、处理。

433. 衬板掉落的判断方法及处理办法分别是什么

判断方法：

（1）衬板掉落的地方有明显的、周期性的研磨体冲击声；

（2）磨音记录曲线上有明显的峰值；

（3）掉落衬板的螺栓处冒灰严重。

处理办法：立即停磨更换，捡出掉落的衬板，并检查筒体是否被砸坏。

434. 斗式提升机料斗掉落或损坏的判断方法及处理办法分别是什么

判断方法：

（1）提升机壳体有被碰撞的异常声音；

（2）提升体功率呈周期性的波动。

处理办法：打开提升机机头检查门观察；停机处理。

435. 斗式提升机断链判断方法及处理办法分别是什么

判断方法：

（1）提升机电流大大下降；

（2）提升机进料溜筒堵料；

（3）打开检查门实地观察。

处理办法：立即停机修复。

436. 入选粉机斜槽堵塞判断方法及处理办法分别是什么

判断方法：提升机功率急剧上升；选粉机电流下降。

处理办法：立即停止磨机，并检查、处理。

437. 磨内通风量不足的判断方法及处理办法分别是什么

判断方法：

（1）出磨气体温度高；

（2）系统压力上升；

（3）产品产量偏低。

处理办法：增大磨机收尘器排风机进口阀门的开度。

438. 磨机电流明显增大的原因分析及处理办法分别是什么

原因分析：磨内装球量过多或喂料量过多；轴承润滑不好，传动轴瓦水平不一致或联轴器偏斜，齿轮过度磨损。

处理办法：根据存在的问题，有针对性地处理。

439. 磨机主轴承、减速机轴承温度偏高的判断方法及处理办法分别是什么

判断方法：

（1）温度指示器的示值高；

（2）高温报警装置报警。

处理办法：

（1）检查供油压力和温度，并进行调整；

（2）检查油质是否合格，油中是否有杂质或水分，并处理；

（3）检查冷却水是否畅通、水质是否合格，并处理。

440. 喂料的均匀性对磨机产量的影响有哪些

喂料的均匀性：喂料的均匀性是保证磨机正常运转、提高产量的重要因素，喂料太少，钢球自身撞击的机会增多，造成能量和金属的浪费。喂料太多，又会因粉磨能力的不足造成饱磨现象，因而降低磨机产量。

当入磨物料的粒度大、硬度大而水分多时，应适当减小喂料量，否则会造成一仓的物料过多，钢球的冲击作用不能充分发挥，使物料的流速慢，二仓的粉磨能力加重，成品变粗，循环负荷加大，选粉效率低，合格的成品少，产量低。烘干磨烘干效果差，磨机的出口温度低，易糊隔仓板篦缝，这样磨音降低，产量下降。同时易糊斜槽，影响粉磨系统。

喂料的不均匀性和物料性质的变化，使一仓磨音发生变化，一般物料多，磨

音发闷，不清脆，物料少，声音很响而且清脆，电耳明显。

441. 什么叫作过粉磨现象，有何危害

细度达到控制指标要求的物料不能立即出磨，继续粉磨使部分物料过细造成过粉磨现象。

危害：物料（过粉碎的）占据了磨机的有效空间，影响生产能力并起缓冲作用，影响粗颗粒进一步粉磨，还会出现包球，降低粉磨效率，增加电耗。

442. 润滑剂有哪些作用

润滑剂的作用有：

(1) 减少磨损，降低摩擦力；

(2) 冷却作用；

(3) 冲洗作用；

(4) 密封作用；

(5) 改善负荷条件；

(6) 防锈蚀作用。

443. 排风机检查项目有哪些

排风机检查项目有冷却风机运行情况，风量情况，轴承温度和声音情况，地脚螺栓有无松动，机体温度，润滑油位情况。

444. 选粉机一齿轮箱发热或“冒烟”的原因及处理办法分别是什么

原因：

(1) 齿轮箱缺油，润滑不良，油质不良；

(2) 超载使用；

(3) 传动体本身故障。

处理办法：

(1) 改进润滑加油或换油；

(2) 控制负荷或改进传动设计；

(3) 按“烧油”“胶合”“热塑变形”等具体分析，对症处理。

445. 选粉机齿轮箱有振动和噪声的原因及处理办法分别是什么

原因：

(1) 牙齿接触面不良；

(2) 侧隙不合适，轴向有窜动；

(3) 锥齿轮精度超差。

处理办法：

(1) 调整接触面；

(2) 调整侧隙，消除窜动；

(3) 更换锥齿轮。

446. 选粉机锥齿轮齿有裂纹或噪声的原因及处理办法分别是什么

原因：

(1) 支承刚性差，轴承损坏，轴向窜动；

(2) 齿厚磨损过多或两齿厚相差很大，过薄时一个折断；

(3) 齿轮淬火发“脆”。

处理办法：

(1) 相应排除；

(2) 分析原因，做材质等的改进；

(3) 改进热处理。

447. 选粉机齿轮热塑性变形和胶合的原因及处理办法分别是什么

原因：

(1) 润滑不良，少油、无油。

(2) 高速超载使用。

处理办法：

(1) 清洗油箱，换油、加油；

(2) 控制速度、控制负荷或改进设计。

448. 选粉机齿轮严重点蚀和剥落的原因及处理办法分别是什么

原因：

(1) 轴承间隙过大，轴承磨损严重；

(2) 材质或热处理不良；

(3) 超负荷使用。

处理办法：

(1) 修理或更换轴承；

(2) 改进材质，改进热处理；

(3) 控制负荷。

449. 选粉机齿轮磨损严重的原因及处理办法分别是什么

原因：

(1) 防护密封不良；

(2) 油质不良，油中有砂粒等杂质；

(3) 材质不良。

处理办法：

(1) 加强防护密封；

(2) 清洗换油；

（3）选用耐磨材质。

450. 选粉机滚动轴承发热、响声异常的原因及处理办法分别是什么

原因：

（1）润滑不良，缺油、磨损严重；

（2）横轴端法兰螺栓松脱、滑牙；

（3）配合松动，游隙增大；

（4）上部调整螺母丝扣滑牙。

处理办法：

（1）及时加油，短时加大油量；

（2）重新攻丝改大螺栓；

（3）拆换修理；

（4）处理轴头，重新车丝，换螺帽。

451. 选粉机叶片打坏或掉落机体摆动的原因及处理办法分别是什么

原因：叶片质量不良，重量不一致；叶片固定螺栓松动；安装不正，产生向上或向下偏斜。

处理办法：更换叶片，称重部位要均匀安装；检查螺栓，加垫圈拧紧螺栓；调整安装位置。

452. 选粉机风机轴承座振动的原因及处理办法分别是什么

原因：

（1）风机与电动机两轴不同心；

（2）叶轮不平衡；

（3）风机进出口风门不在正确位置；

（4）基础刚度不够牢固；

（5）地脚螺栓松动；

（6）风机叶轮积灰。

处理办法：

（1）找正使两轴同心；

（2）校正平衡；

（3）调节好风门位置；

（4）加强基础，增加刚度；

（5）检查并拧紧螺栓；

（6）停机后打开门清灰。

453. 胶带输送机胶带打滑原因及处理办法分别是什么

原因：

(1) 驱动滚筒和胶带间摩擦系数小或包角过小；
(2) 过紧装置拉力过轻；
(3) 承载量大于设计能力。
处理办法：
(1) 提高摩擦系数、加大包角；
(2) 调整拉紧力；
(3) 减轻承载量，使之不超过设计量。

454. 胶带输送机胶带某一部分突然跑偏原因及处理办法分别是什么

原因：
(1) 胶带有部分弯曲；
(2) 接头中心未对准。
处理办法：
(1) 严重时，更换弯曲段；
(2) 重新接头。

455. 胶带输送机空载时跑偏原因及处理办法分别是什么

原因：胶带成槽性不好。
处理办法：更换成槽性好的胶带或用自设托辊。

456. 胶带输送机胶带边部磨损过大的原因及处理办法分别是什么

原因：
(1) 托辊和滚筒黏附物过多；
(2) 托辊或导向滚筒调整不好；
(3) 托架不平；
(4) 自动调整托辊和导辊不良；
(5) 块状物料进入胶带马托架之间；
(6) 卸料器不正。
处理办法：
(1) 装有效的清扫器；
(2) 重新调整托辊或导向滚筒；
(3) 重新调整托架；
(4) 调整或更换托辊和导辊；
(5) 清扫干净块状物体；
(6) 检修、调整卸料器。

457. 胶带输送机上层胶有纵向长距离断裂的原因及处理办法分别是什么

原因：溜槽装得不好。

处理办法：重新调整装配。

458. 胶带输送机上层胶带非正常磨损的原因及处理办法分别是什么

原因：

（1）溜槽放料时，石灰石等有锐角的物料速度与胶带速度不一致；

（2）回程托辊不转动；

（3）溜槽堵塞。

处理办法：

（1）调整溜槽从而改变物料下滑速度；

（2）清洗、更换托辊；

（3）改进溜槽。

459. 胶带输送机带边磨损成筋条状的原因及处理办法分别是什么

原因：挡料板不正。

处理办法：调整挡板。

460. 胶带输送机下层胶非正常磨损的原因及处理办法分别是什么

原因：

（1）胶带打滑；

（2）杂物侵入回程段；

（3）物料水分大、摩擦系数下降；

（4）托辊不旋转。

处理办法：

（1）检查拉紧装置；

（2）清扫并检查承载段；

（3）降低物料水分；

（4）清洗调整托辊。

461. 胶带输送机的胶带有皱褶的原因及处理办法分别是什么

原因：滚筒打滑。

处理办法：改进胶带刻纹或加大摩擦系数。

462. 托辊轴承异声原因及处理办法分别是什么

原因：

（1）轴承使用时间过长；

（2）润滑不良。

处理办法：

（1）检查、更换轴承；

（2）清洗后加润滑脂。

463. 螺旋输送机溢料原因及处理办法分别是什么

原因：

（1）物料中杂物使螺旋吊轴承堵塞；

（2）物料水分大，集结在螺旋吊轴承上并逐渐加厚，使来料不易通过；

（3）传动装置失灵，未被及时发现。

处理办法：

（1）停机清除机内杂物；

（2）加强原料烘干；

（3）停机修复传动装置。

464. 螺旋输送机悬挂轴承温升过高的原因及处理办法分别是什么

原因：

（1）位置安装不当；

（2）坚硬大块物体混入机内使连接轴有不正常摩擦。

处理办法：

（1）调整悬挂轴承的位置；

（2）清理异物，试车至正常为止。

465. 螺旋输送机机壳晃动的原因及处理办法分别是什么

原因：安装时各螺旋节中心线不同心，运转时偏心擦壳，使外壳晃动。

处理办法：重新安装时找正中心线。

466. 螺旋输送机吊轴承磨损的原因及处理办法分别是什么

原因：物料包围吊轴承，运转条件差。

处理办法：勤检查、及时更换吊轴承。

467. 螺旋输送机驱动电机烧毁的原因及处理办法分别是什么

原因：

（1）输送物料中有坚硬块料或小铁锻混入，卡死铰刀，电流剧增，烧毁电机；

（2）来料过大，电机超负荷而发热烧毁。

处理办法：

（1）防止小铁块进入；

（2）铰刀和机壳保持一定间隙；

（3）喂料均衡；

（4）停机前把物料送完。

3.2 中级工/四级

468. 什么是辊压机

辊压机又称辊压磨、挤压磨、高压辊压机、挤压滚轮磨或挤压粉碎机，是20世纪80年代中期开发的、具有高效节能作用的新型粉磨设备。开始时用于粉磨原料，现在还可以粉磨熟料。一般用作预粉磨设备，也可用作终粉磨设备。

469. 研磨体的作用及使用范围分别是什么

(1) 球类研磨体：在粉磨过程中，球类研磨体与物料之间发生点接触，由于球类研磨体单体质量大，对物料的冲击力大，适用于粉碎较大粒度的物料。球类研磨体主要适用于：双仓闭路磨的第一、二仓；双仓开路磨的第一仓；三、四仓管磨机的第一、二仓。

(2) 锻类研磨体：在粉磨过程中，主要与物料发生线接触，其冲击物料的能力比球类研磨体差，粉磨效率比球类研磨体高。其主要用于：双仓开路磨的第二仓；三仓开路磨的第三仓；四仓开路磨的第四仓或三、四仓；二仓闭路烘干煤磨的二仓。

(3) 棒类研磨体：在粉磨过程中，棒类研磨体与物料之间有较长的线接触，其单体质量很大，对物料的冲击能力很强，对物料有选择性破碎作用，粉碎效率很高，主要用于棒磨机及棒球磨的第一仓。

470. 物料在扬料板上运动过程可分为哪三个阶段

(1) 物料被扬料板带起达到一定的位置，并且由此开始向下滑落；

(2) 物料沿扬料板滑落；

(3) 物料脱离扬料板，并因脱离点的径向速度与切向速度作用呈一定的抛物线轨迹抛落。

471. 磨机停车后如何操作

(1) 磨机停车后，为了避免因磨体冷缩擦伤中空轴轴颈和主轴瓦瓦面，不得停止润滑系统；

(2) 为防止因长时间停磨而引起筒体变形，按说明书所规定的时间间隔，通过慢速驱动装置转动筒体。

472. 粉磨水泥时的冷却方法有哪些

(1) 磨内通风冷却：对圈流磨比较适用，对开流磨会受到一定的限制。因为开流磨的磨内风速不宜超过1m/s，否则影响经济效益。

(2) 磨外淋水冷却：就是在磨机筒体的上方，距筒体一定的距离装设一根轴向水管，沿水管的下母线钻一排一定孔径的淋水孔，水淋在磨机的筒体上。

（3）磨内喷水冷却：这种冷却方法就是把控制的水量以雾化方式喷到水泥磨机内部物料温度最高的地方，使之立即蒸发，达到冷却的目的。

473. 水泥磨磨内喷水的作用有哪些

（1）降低磨内温度，防止水泥中的石膏脱水，提高水泥的质量；

（2）降低磨内温度，减轻物料的黏附作用，提高水泥磨的粉磨效率；

（3）防止磨机筒体及衬板升温变形、衬板螺栓断裂，同时，防止高温传导给中空轴，引起重大设备事故。

474. 什么是废品水泥

凡是氧化镁、三氧化硫、初凝时间、安定性中任何一项不符合标准规定时，均为废品。

475. 什么是不合格品水泥

凡细度、终凝时间中的任何一项不符合标准规定或混合材料掺加量超过最大限量和强度低于标定的强度等级指标时为不合格品。水泥包装标志中水泥品种、强度等级、生产者名称和出厂编号不全的也属于不合格品。

476. 磨机清仓、装选研磨体应注意什么

（1）要清理的仓，研磨体一定要倒净；

（2）从磨内倒出的研磨体，需要将不合格的小球、碎球和铁渣等杂物清除，重新选球级配；

（3）按要求准确计量研磨体的质量；

（4）严格按级配方案装配研磨体。

477. 水泥中掺入混合材有何意义

（1）减少熟料的加入量，降低生产成本；

（2）改善水泥的性能，如抗蚀性、安定性、泌水性等；

（3）调节水泥的性能指标，满足市场的需求；

（4）混合材的加入改善了物料的易磨性，提高了磨机的生产能力；

（5）混合材的加入增加了水泥的产量。

478. 磨机喂料设备有几种，各有什么优缺点

主要有 4 种：圆盘喂料机、电磁振动喂料机、皮带喂料机、电子皮带秤。

（1）圆盘喂料机的优点是构造简单、制作容易、体积紧凑、控制喂料方便等，缺点是误差较大。

（2）电磁振动喂料机的优点是操作方便、料槽磨损小、设备运转费用较低，缺点是不易喂送黏性较大和潮湿的物料。

（3）皮带喂料机的优点是适应块状和粉状的物料、喂料精度较高，缺点是维

护工作量大。

(4) 电子皮带秤的优点是计量准确、调节灵敏、操作方便，缺点是维护工作量大。

479. 磨机通风的作用有哪些

(1) 冷却磨内物料，改善物料的易磨性。磨机在运转时，80%以上的能量转变为热能，使磨内物料温度上升，对水泥磨来说，会导致石膏脱水而产生假凝现象，影响水泥质量，而且物料的易磨性随温度上升而降低，因物料温度高会产生静电效应，使物料粘成团，黏附在研磨体和衬板上，降低粉磨效率。

(2) 有时排出磨内水蒸气，可降低糊球和堵塞篦孔现象。

(3) 消除磨头冒灰，改善环境卫生，减少设备的磨损，同时还可减少细粉的缓冲垫层作用。

480. 选粉机卸料管漏风原因及处理办法分别是什么

原因：

(1) 选粉机系统锁风不好。

(2) 卸料管长期受到粉尘冲刷、磨损，致使在管壁穿洞、连接处密封失效。

处理办法：

(1) 经常检查选粉机锁风装置是否正常，发现问题时排除。

(2) 对磨损比较严重的卸料管，要及时予以更换或焊补，防止漏风。

(3) 在选粉机粗粉卸料管和选粉机进料提升机之间增加一根连通管，让粗粉管漏出的风排入提升机。

481. 什么是研磨体的装载量

装入磨内的研磨体的质量称为研磨体的装载量。

482. 什么是硅酸盐水泥熟料

以适当成分的生料烧至部分熔融，所得以硅酸钙为主要成分的产物，称为硅酸盐水泥熟料。

483. 什么是润滑油的相对密度

温度20℃时，润滑油的质量与温度为4℃时的同体积的水的质量之比，叫作润滑油的相对密度。

484. 什么是润滑油的闪点和燃点

润滑油在加热后，其蒸气与周围空气形成的混合气体与火焰接触时出现闪点，此时油的温度叫作该润滑油的闪点；如果闪点连续不熄形成燃火，则此时的温度叫燃点。

485. 用粉煤灰作混合材时的控制指标有哪些

用粉煤灰作混合材时的控制指标见表3-1。

表 3-1 用粉煤灰作混合材时的控制指标

指标		级别	
		Ⅰ	Ⅱ
烧失量（%）	≤	5	8
含水率（%）	≤	1	1
三氧化硫（%）	≤	3	3
28d 抗压强度比（%）	≤	75	62

486. 何为不溶物，国标对硅酸盐水泥是怎样规定的

水泥中不溶物是指水泥经酸或碱处理，不能被溶解的残留物。其主要成分为结晶 SiO_2，其次是 R_2O_3，是水泥中的非活性组分之一，它是由生料、混合材（尤其是火山灰质混合材）石膏中的杂质带入的。

国家标准《通用硅酸盐水泥》（GB 175—2007）对硅酸盐水泥中的不溶物含量做了规定，要求Ⅰ型硅酸盐水泥中不溶物含量不得超过 0.75%；Ⅱ型硅酸盐水泥中不溶物含量不得超过 1.50%。

487. 为什么要严格控制水泥中的三氧化硫含量

《通用硅酸盐水泥》（GB 175—2007）规定，矿渣硅酸盐水泥中的三氧化硫含量不得超过 4.0%，其他 5 种水泥的三氧化硫含量均不得超过 3.5%。

水泥中的三氧化硫主要是磨制水泥时为调节凝结时间加石膏而得来的，也可能是煅烧熟料加入矿化剂由原燃材料带入熟料成分中的。适量石膏能改善水泥性能，如提高水泥强度，降低收缩性，改善抗冻、耐蚀和抗渗性等。但 SO_3 超过一定值后，水泥性能会变坏甚至引起硬化后水泥石体积膨胀，破坏其结构，因此水泥中三氧化硫最大允许含量必须严格限制。

488. 用水筛法检验细度时，对水压有什么要求

用水筛法检验细度时，水压大小对检验结果有很大影响。冲洗压力必须保证在（0.05±0.02）MPa。如果水压低于规定值，水冲洗压力太小，会使部分应该通过筛孔的颗粒通不过，使筛余结果偏高。相反，当水冲洗压力大于规定时，样品可能溅出筛框，使筛余结果偏低，同样不能正确反映细度的大小。因此，为了保证试验结果的稳定性和可比性，水压必须严格控制在（0.05±0.02）MPa 的范围内。

489. 减速机齿轮擦伤的原因有哪些

齿轮接触面上若未形成连续的润滑油膜，减速机在运行过程中，齿面上受的压力便很大。齿面接触部分的温度因压力过大而很高时，某一齿面的一部分会将另一齿面的一部分咬住，较软齿面被咬住的部分甚至被撕下，使齿面上出现很多沟槽。

齿轮齿面压力过大、润滑油黏度太低、齿轮接触面上不能形成连续油膜、齿轮接触部分温度过高、齿轮转速太慢均可导致减速机齿轮擦伤。

490. 管磨机检修过程中须注意哪些安全问题

(1) 切断电源，并在开关上挂出“正在检修、禁止送电”的警告牌；

(2) 检修人员须戴安全帽；

(3) 安装磨门时须先检查，确认磨内无人和工具后，方可上磨门；

(4) 拆卸或安装衬板、篦板及隔仓板的过程中，防止落下伤人。

491. 使用矿渣的注意事项有哪些

(1) 一般规定矿渣在未烘干前，“其存储期限”从淬冷成粒时算起，不宜超过 3 个月。这是因为矿渣中含有少量的 β-C_2S，在带水情况下长期储存会逐渐水化，致使其活性降低。

(2) 湿矿渣在洪干时温度应为 600～650℃，这相当于气体温度为 800～850℃。

原因：是矿渣具有活性的玻璃体在烘干受热超过上述温度时会出现反玻璃化作用，玻璃体中的矿物开始结晶，β-C_2S 也将转化为无活性的 γ-C_2S，这样矿渣的活性就大大降低了。

492. 什么是火山灰质混合材料，有哪些特点

火山灰分天然材料或人工材料，天然材料共有 5 种：火山灰、浮石、凝灰岩、沸石岩、硅藻土和硅藻石。人工材料是工业各种副产品，有煤矸石、煤渣、页岩渣、烧黏土等。

火山灰质混合材料有两个特点：

(1) 它们具有火山灰活性，即它们本身磨细加水拌和后并不硬化，但它们磨细后与石灰混合再加水拌和便能在空气中硬化，并能继续在水中硬化；

(2) 它们的化学成分以 Al_2O_3、SiO_2 为主，其含量一般在 70%以上，而 CaO 较低，多在 5%以下，粉煤灰也具有这两个特点，亦属于火山灰材料。

粉煤灰相对密度为 1.8～2.4；松散密度为 (5.2～8.8) $\times 10^5 g/m^3$。

493. 何为沸石

沸石是含水结晶质架状构造的碱和碱土金属铝硅酸盐矿物，一般化学式可用 $M_2/NO \cdot Al_2O_3 \cdot XSiO_2 \cdot YH_2O$ 表示。

沸石是一种高活性的天然的水泥混合材料，可以替代高炉矿渣、粉煤灰等，并且性能优于高炉矿渣和火山灰，在改善水泥性能、提高产品质量方面可取得良好的效果。

494. 什么是粉煤灰，化学组成是什么

粉煤灰是煤燃烧排放出的一种黏土类火山灰质材料。

狭义地讲：它就是指锅炉燃烧时，烟气中带出的粉状残留物，简称灰或飞灰。

广义地讲：它还包括锅炉底部排出的炉底渣，简称炉渣。产灰量占灰渣量的80%～90%（其中80%～90%为飞灰，10%～20%为炉渣）。我国灰渣产生量为11000万吨/年，灰渣利用量为2860万吨/年，年利用率为26%。

粉煤灰的化学组成：粉煤灰的主要氧化物组成为 SiO_2、Al_2O_3、FeO、Fe_2O_3、CaO、MgO、TiO_2、K_2O、Na_2O、SO_3等。

495. “饱磨”和“包球”如何区分

“饱磨”和“包球”的表面现象很相似：都是磨音发闷，磨机运转电流下降，磨机产量大减，隔仓板篦缝被物料堵塞，研磨体、衬板和隔仓板上黏附大量的物料。但也有不同之处：“饱磨”时出磨物料潮湿，收尘器结露；“包球”时，出磨物料和气体温度高，磨尾筛上冒水蒸气，产品中有薄片状物料；同时，磨机瓦温度高，出磨水泥发黏。

496. 球料比对磨机产量的影响有哪些

物料的球料比就是磨内研磨体的质量和物料质量之比。它说明在一定研磨体装载量下粉磨过程中磨内存料量的多少。

如果球料比太大，会增加研磨体之间以及研磨体和衬板之间的冲击摩擦的无用功损失，使电耗增加，产量降低；若球料比太小，说明磨内存料过多，就会产生缓冲作用，也会降低粉磨效率。

一般经验：一仓的钢球应露出半个球面；二仓应能见到钢球。

497. 物料在磨内的停留时间对磨机产量的影响是什么

停留时间对粉磨效率和产品质量关系很大，物料流速太快，产品细度变粗；反之物料流速太慢，则产品变细或产生“过粉磨”现象，产量低而电耗大，降低粉磨效率。

498. 五大水泥密度范围是多少

水泥密度表示为水泥单位体积的质量，单位是 g/cm^3。水泥品种不同，密度也不相同，五大水泥密度（g/cm^3）的范围大致为：硅酸盐水泥、普通硅酸盐水泥为3.0～3.2g/cm^3；矿渣硅酸盐水泥为2.8～3.1g/cm^3；火山灰质硅酸盐水泥、粉煤灰硅酸盐水泥为2.7～3.1g/cm^3。

499. 影响水泥密度的因素有哪些

影响水泥密度的因素主要有：熟料矿物组成和煅烧程度、水泥储存条件和时间、混合材料的种类和掺加量。

（1）由于硅酸盐水泥熟料中各矿物的密度不同，其熟料矿物组成的变化将影响水泥的密度。熟料主要矿物的密度见表3-2。

表 3-2 熟料主要矿物的密度

矿物	C_3S	C_2S	C_3A	C_4AF	f-CaO
密度（g/cm^3）	3.25	3.28	3.04	3.77	3.34

（2）储存条件和时间将不同程度地降低水泥的密度，这是由于水泥中密度较大的 f-CaO 吸收了水分和二氧化碳产生了密度较小的 $Ca(OH)_2$（密度为 $2.23g/cm^3$）和 $CaCO_3$（密度为 $2.71g/cm^3$）。

（3）常用混合材料的密度小于熟料密度，掺有混合材料的水泥，其密度均低于普通硅酸盐水泥，因此水泥密度不仅与熟料主要矿物密度有关，还与混合材料的种类和掺加量有关。

500. 何为水泥干缩

因硬化水泥浆体中水分的蒸发而引起的体积收缩叫干燥收缩，简称干缩。

501. 怎样确定水泥中石膏最佳掺入量

在水泥生产质量控制中，应从以下几个方面考虑石膏最佳掺入量：

（1）熟料的矿物组成，特别是 C_3A 的含量；

（2）原、燃材料及石膏的品质，矿化剂种类及掺量；

（3）凝结时间和强度控制指标；

（4）水泥品种和混合材的种类、掺量；

（5）易于生产控制。

502. 水泥的颗粒级配对水泥质量有何影响

水泥的质量与水泥颗料级配有着十分密切的关系。细度即使相同，颗粒级配不同的水泥，其强度、耐磨蚀性、抗冻性能也有明显区别。一般认为 $3\sim30\mu m$ 的颗粒对强度作用最大；大于 $60\mu m$ 的颗粒对强度的增长基本上无影响；小于 $1\mu m$ 的颗粒在拌水搅拌过程中很快水化，对水泥的强度不起作用。

503. 磨尾排渣多的原因有哪些

磨机产量、质量正常时，出现磨尾排渣口排渣多的可能原因是：

（1）入磨物料易磨性差；

（2）头仓比第二仓、三仓的填充量大得太多；

（3）研磨体平均球径小。

504. 电子计算机是如何对磨机生产进行自动控制的

在利用电子计算机对磨机进行自动控制时，输入计算机的工艺参数如电压、喂料量、回粉量和提升机功率，按照一定的控制方式，运算输出调整信息，再经比率给定器，自动控制仪表，调节各种物料的下料量，达到磨机运转自动控制的目的。

505. 提升机轴承有异常噪声或过热的原因及排除办法分别是什么

原因：轴承太脏（润滑）不当，轴承磨损太大，机器耦合件中有损坏；校准中心校准有误。

处理办法：清洗轴承，换润滑剂；更换轴承，检查、修理校准中心。

506. 研磨体窜仓的原因及处理办法分别是什么

原因：

（1）隔仓板安装不牢，隔仓板倒塌。

（2）磨内料球比太高。

（3）隔仓板磨损过度。

处理办法：

（1）研磨体窜仓不严重时减少喂料量。

（2）停磨处理，更换篦板或临时补焊。

507. 斜槽堵的原因有哪些

（1）入斜槽的物料中细粉比例过少。

（2）入斜槽的物料中含有铁块、碎研磨体。

（3）帆布层破损。

（4）风机风量不足。

508. 研磨体级配与磨机产品质量的关系是什么

研磨体级配用平均球径来表达：

（1）当平均球径小时，出磨细度细，但产量也低；

（2）当平均球径大时，出磨细度粗，磨内物料流速快、产量高，但细度达不到要求；

（3）平均球径要根据入磨物料的性能和产品要求细度来确定。

509. 安装分级衬板为什么要装挡料圈

因为安装分级衬板后，磨内钢球自动分级由大到小排列，选择物料也从粗到细，物料的流速快，产品细度粗，所以安装分级衬板必须安装挡料圈，减缓物料流速，增加物料在磨内的停留时间。

510. 选粉机在正常工作时的巡检内容有哪些

（1）各紧固螺栓是否松动；

（2）铸石板是否破裂和脱落；

（3）叶片和导料板有无变形和磨损速度如何；

（4）旋风筒有无堵塞；

（5）翻板阀运作是否灵活；

（6）选粉机内有无异物，门的密封如何；

（7）有无异常声音和振动；
（8）密封是否良好；
（9）电流是否正常；
（10）润滑点要求每班加油一次。

511. 螺旋输送机刮壳体或壳体晃动的原因及解决办法分别是什么

原因：
（1）轴承磨损严重；
（2）连接铰刀的螺栓折断或脱落；
（3）铰刀安装不正；
（4）铰刀变形。
解决办法：
（1）更换轴承的轴瓦；
（2）重新安装螺栓；
（3）重新找正；
（4）调直或更换新的铰刀。

512. 电动机振动的主要原因是什么

机电设备的地脚螺栓产生松动；电动机与被托运设备的对轮不同心，或减速机等其他设备齿轮啮合不好，有机械问题；电动机冷却风叶变形，风叶上粘上大量黏尘或异物，风叶上平衡块脱落；电动机本身问题（如电动机两端轴承间隙过大或因安装质量使电机上下跳动等）。

513. 石膏掺加量对水泥磨产量有什么影响

石膏掺加量多，水泥的比表面积大，可以适当提高磨机产量；石膏掺加量少，水泥比表面积小，应相应降低一些磨机喂料量。石膏的硬度较低，能改善磨机的粉磨状况，提高磨机的工作效率。

514. 出磨物料逐渐减少的原因有哪些

（1）粉磨状况不佳，要出现满磨。
（2）喂料量不稳，越来越少，在操作时应采取相应措施。
（3）有可能二仓满磨。

515. 离心通风机机壳过热的原因及处理办法分别是什么

原因：在出风口阀门关闭的情况下，运转时间过长。
处理办法：停车、冷却、调整阀门后开车。

516. 离心通风机密封圈磨损或损坏的原因及处理办法分别是什么

原因：

（1）密封圈与轴套不同心，在正常运转中磨损；

（2）机壳变形，使一侧磨损；

（3）转子振动过大，其径向振幅之半大于密封圈径向间隙。

处理办法：先消除外部影响因素，然后更换密封圈，重新调整和找正密封圈位置。

517. 离心通风机和电动机发生同样振动的原因及处理办法分别是什么

原因：

（1）轴与密封圈强烈摩擦，产生局部高热，使轴侧曲；

（2）双级风机的两侧进气量不等（管道堵塞或挡风板调整不当）；

（3）叶轮积灰、结疤严重。

处理办法：

（1）换新轴，同时修理密封圈；

（2）清扫进气管道灰尘，调整挡板，使两侧进气口负压相等；

（3）及时清理叶轮上的积灰。

518. 离心通风机机房共振的原因及处理办法分别是什么

原因：

（1）基础灌浆不良，地脚螺栓松动，机座连接不牢固，连接螺栓松动；

（2）基础机座的刚度不够，转子不平衡；

（3）管道未留膨胀余地，与风机连接处的管道未加支撑或安装固定不良。

处理办法：

（1）查明原因，适当补修和加固，拧紧螺母填充间隙；

（2）进行调整和修理，加装支撑装置。

519. 离心通风机内部有摩擦的原因及处理办法分别是什么

原因：

（1）叶轮歪斜与机壳内壁相碰或机壳刚度不足、晃动；

（2）叶轮歪斜与进气口圈相碰；

（3）推力轴衬歪斜或磨损。

处理办法：

（1）修理叶轮和推力轴衬；

（2）修理叶轮进气口圈；

（3）修理推力轴衬。

520. 离心通风机轴承温升过高的原因及处理办法分别是什么

原因：

（1）油质不良，油量过少，有杂质；

(2) 轴承箱盖连接螺栓拧紧力过大或过小；
(3) 前后轴承安装不同心；
(4) 轴承选用不当；
(5) 冷却水过少或中断。
处理办法：
(1) 清洗后，选用合格的油质和适当的油量；
(2) 调整紧力螺栓，使之适中；
(3) 找正前后轴承中心线；
(4) 重新计算后，选用合适轴承；
(5) 检查冷却水系统。

521. 离心通风机转速符合要求，但压力过大、流量减少的原因及处理办法分别是什么

原因：
(1) 旋转方向相反；
(2) 进风管道或出风管道堵塞或破裂；
(3) 叶轮入口间隙过大或叶片严重磨损；
(4) 风机轴与叶轮松动；
(5) 导向器装反。
处理办法：
(1) 改变电源接线，改变转向；
(2) 清除堵塞，修补管道；
(3) 调整叶轮入口间隙或更换磨损的叶轮；
(4) 检修紧固叶轮；
(5) 重装导向器。

522. 转速符合要求，但压力偏小、流量增加的原因及处理办法分别是什么

原因：
(1) 气体温度过高，气体松散密度减小；
(2) 进风管道破裂或法兰不严。
处理办法：
(1) 降低气体温度；
(2) 修补管道，紧固法兰。

523. 离心通风机叶轮损坏与变形的原因及处理办法分别是什么

原因：
(1) 管道阻力曲线改变，阻力增大，风机工作点改变；
(2) 风机制造质量不良或风机严重磨损；

（3）风机转速降低；

（4）风机在不稳定区工作。

处理办法：

（1）调整管道阻力曲线，减小阻力，改变风机工作点；

（2）检修通风机；

（3）提高风机转速；

（4）调整风机工作区。

524. 离心通风机叶轮上面积灰、结疤、寿命短的原因及处理办法分别是什么

原因：

（1）被输送气体粉尘浓度大、细度小、含少量水蒸气、有相互结团的特性；

（2）叶片表面容易有水泥等粉尘。

处理办法：

（1）经常停机，打开机壳上的人孔门清理叶轮上的结疤，每班一次；

（2）改进叶轮结构，叶轮片进口角改为35°，使其达到不积灰要求。

525. 皮带输送机有何优点及缺点，分别是什么

优点：

（1）应用范围广，可做水平或倾斜输送；

（2）运行可靠、连续、稳定；

（3）动作较圆滑、噪声小；

（4）摩擦阻力小，动力消耗低；

（5）运输量大，效率高；

（6）运输距离长，标准的可达300～400m，长的可达几千米；

（7）结构简单，维修、保养容易；

（8）可多点装料与多点卸料。

缺点：

（1）价格比较高；

（2）难适于高温物料，只能做直线运输，若改变方向则要多台组合；

（3）工作倾角一般要小于20°。

526. 听磨音的方法是什么

在磨机正常喂料的情况下，同时停止喂料和磨机运转，打开磨门观察磨内球料情况。根据生产经验，一仓中的钢球应露出半个钢球于料面上，二仓研磨体应覆盖着10～20mm的薄料层，说明钢球级配是合理的。如一仓钢球外露太多，说明装载量偏多或钢球平均球径过大；反之，说明装载量偏少或钢球平均球径过小。球料比过小时，物料流速慢，粉碎能力不足。

527. 如何发现出料篦板破损

磨尾料渣增多并夹有小钢球时，应对出料篦板进行修补或更换。

528. 出磨水泥温度高的原因有哪些

(1) 由于大量的研磨体之间，研磨体与衬板之间的冲击、摩擦，从而产生大量热，使水泥温度升高；

(2) 入磨熟料温度高、易磨性差，使出磨水泥温度提高；

(3) 磨机通风不好或者因工艺条件限制使通风量不够，不能及时带走磨内热量，出磨水泥温度高；

(4) 由于磨机大型化，单位水泥产量筒体表面散热的比率变小，不能有效排走热量，从而使出磨水泥温度提高；

(5) 水泥细度要求过细，磨机内物料流量下降，物料带走的热量大幅下降，使水泥温度上升；

(6) 由于季节气温高，造成进磨物料温度高和系统散热慢，最终形成磨内和成品水泥温度高的现象。

529. 加强磨内通风的原因有哪些

磨机通风好，有利于将热量、水分及时排出，有利于微粉及时排出，提高粉磨效率，每次停机要检查和清理卡在隔仓篦板和出磨篦板孔的碎球、碎渣，保证磨机的通风面积。加强磨机通风，可多带走一部分热量，但根据磨机热量平衡计算，磨机通风带走的热量通常只占磨机总排热的20%。加强磨内通风虽然可降低物料温度，但是，磨内的通风受到系统的阻力、锁风、漏风等约束限制，还受到产品细度的制约，因此，通过提高磨内通风来降低出磨物料的温度有一定的限度。

530. 出磨水泥温度高的危害有哪些

(1) 引起石膏脱水成半水石膏甚至产生部分无水石膏，使水泥假凝，影响水泥质量，而且易使入库水泥结块。

(2) 严重影响水泥的储存、包装和运输等工序，使包装纸袋发脆，增大破损率，工人劳动环境恶化。

(3) 对磨机机械本身也不利，如轴承温度升高，润滑作用降低，还会使筒体产生一定的热应力，引起衬板螺栓折断。甚至磨机不能连续运行，危及设备安全。

(4) 易使水泥因静电吸引而聚集，严重的会黏附到研磨体和衬板上，产生包球，降低粉磨效率，降低磨机产量。

(5) 使入选粉机物料温度增高，选粉机的内壁及风叶等处的黏附加大，物料颗粒间的静电引力更强，影响到撒料后的物料分散性，直接降低选粉效率，加大粉磨系统循环负荷率，降低水泥磨台时产量。

（6）水泥温度高，会影响水泥的施工性能，产生快凝，混凝土坍落度损失大，甚至易使水泥混凝土产生温差应力，造成混凝土开裂等危害。

531. 降低出磨水泥温度的方法有哪些

先介绍一些老企业的做法，但效果不是很好。

（1）降低进磨熟料温度（入磨物料温度一般应<60℃最好）：

① 加强物料管理，避免温度很高的熟料入磨头仓，杜绝红料入磨；

② 冷却机内喷水，降低熟料温度；

③ 进磨熟料皮带上喷水。

（2）加强粉磨系统散热：粉磨系统有大量的设备和管道，散热的表面很大。加强系统散热主要是利用系统的表面强化冷却散热，如向磨筒体表面喷水等。试验表明，水泥温度有所降低但现场环境差，而且容易造成设备损伤，应当慎用。

以上两项喷水措施降温效果明显，但也有副作用。冷却机内喷水易使部分水汽带入冷却机尾部的破碎机内，水汽捕捉熟料粉尘在破碎机内壁形成黏结，久而久之影响破碎机的正常运转；熟料皮带上喷水，会降低水泥的强度。

降低出磨水泥温度最好的方法：

（1）掺加助磨剂：磨内温度的降低有利于提高台时产量，同时台时产量的提高又有利于降低水泥温度。针对粉磨系统温度高造成磨内过粉磨现象严重和选粉机选粉效率下降问题，通过使用助磨剂，降低磨内黏附程度，可提高选粉机效率，从而在一定程度上降低出磨水泥的温度。

（2）加强磨机通风：磨机通风好，有利于将热量、水分及时排出，有利于微粉及时排出，提高粉磨效率，每次停机要检查和清理卡在隔仓篦板和出磨篦板孔的碎球、碎渣，保证磨机的通风面积。加强磨机通风，可多带走一部分热量，但根据磨机热量平衡计算，磨机通风带走的热量通常只占磨机总排热的20%。加强磨内通风虽然可降低物料温度，但是磨内的通风受到系统的阻力、锁风、漏风等约束限制，还受到产品细度的制约，因此，通过提高磨内通风来降低出磨物料温度有一定的限度。

（3）旁路进冷风：当磨内通风量不能改变时，根据我们现有的工艺系统，可以加大自然风的风量以降低选粉机内的物料温度，通过粗粉温度的降低以降低磨内的温度。

3.3 高级工/三级

532. 辊压机粉磨物料的工艺流程有哪几种

常用的工艺流程有5种：

（1）开路预粉磨流程：物料经辊压机挤压后入球磨机粉磨。

（2）闭路预粉磨流程：即在闭路管磨系统前加一台辊压机。

（3）部分终粉磨流程：物料出辊压机后，先经打散机打散，再进入选粉机中分选。选出的细粉，先与开路管磨机磨出的细粉混合再入成品库；选出的粗粉一部分返回辊压机，形成闭路粉碎，另一部分进入管磨机磨成水泥。

（4）辊压机与管磨机双闭路粉磨流程：从辊压机出来的物料经打散机分离后，粗粉全部返回辊压机中，形成第一闭路系统；细粉全部入管磨机与选粉机组成的闭路管磨系统中磨成水泥。

（5）终粉磨流程：系用辊压机直接生产成品的流程，是20世纪80年代粉磨技术的重大突破。物料先由辊压机压成碎片，再经打散机打散，送入选粉机。选后细粉为成品，粗粉重新由辊压机压碎。

533. 磨机在正常运转时，操作人员必须遵守和注意的事项有哪些

（1）不喂料时，磨机不能长时间运转（一般不超过30min），以免损伤衬板和隔仓板及增加研磨体的消耗。

（2）磨机操作人员要精心调整喂料量，保证均匀、稳定地喂料以达到高产、稳产。

（3）要严格控制入磨物料的粒度和水分，最大入磨物料粒度不应大于25mm。

（4）应定期检查磨机筒体内部的衬板磨损情况，对磨穿和破裂的衬板，应及时更换；对松动或折断的螺栓应及时拧紧或更换，以免磨损筒体和漏灰或漏浆。

（5）经常检查和保证各润滑点有足够和清洁的润滑油，对稀油润滑站的回油过滤器每月最少检查并清洗一次，每半年要检查一次润滑油的质量，必要时更换新油。

（6）检查磨机大小齿轮的啮合情况和固定螺栓是否松动。减速机在运转过程中不得有异常振动和声响。

（7）根据入磨物料粒度、易磨性及对产品细度的要求、磨机的产量及时调整研磨体级配，补充研磨体以保证研磨体的填充率。

（8）磨机带负荷启动时，绝对不能先开动慢速驱动装置，如要开动慢速驱动装置，只能反向转动磨机，否则会增加磨机的启动扭矩。

（9）必须精心保养设备、经常打扫环境卫生，并且要做到不漏油、不漏水、不漏灰和无油污、无螺栓松动和设备周围无杂物。

534. 小修的项目有哪些

（1）对油泵、滤油器和润滑管路等进行检查，更换润滑油和清洗；

（2）检查各处连接螺栓和更换有缺陷的螺栓；

（3）检查小齿轮有无裂纹等缺陷，同时检查啮合情况，并记录其磨损程度；

（4）检查大齿轮的对口螺栓是否有松动现象；

（5）检查减速机并做好记录，检查联轴器并更换易损件；

（6）清扫和检修通风系统，并恢复所有密封装置的密闭；

（7）检查、修理进料和出料装置的易磨损部分；

（8）更换部分磨机筒体衬板、端衬板、隔仓板的盲板和篦板、扬料板等部件，并清理篦缝中的杂物，检查进出料螺旋筒（或衬套）；

（9）检查主轴承合金的厚度。

535. 磨内掉衬板的原因有哪些

（1）由于螺栓松动，衬板随筒体回转时不断窜动而拉断螺栓；

（2）衬板间的缝隙过小，当衬板受到研磨体砸击而延伸时，衬板豉起，螺栓被拉断；

（3）螺栓质量差，磨损严重时，使衬板脱落。

536. 磨机大瓦温度可能升高的原因有哪些

（1）润滑油供应不足、油质不洁净或油质质量差；

（2）轴承盖密封不严进入灰尘或杂物；

（3）冷却水不足或断水；

（4）主轴承负荷不均或其中心线与磨体中心线不在同一直线上；

（5）磨体有倾斜度，运转时轴颈或瓦端面接触，形成摩擦；

（6）轴颈与主轴承合金衬接触不良或轴承安装时质量差。

537. 循环负荷率对粉磨效率有何影响

循环负荷率在一定范围内的适当提高，可使磨内物料量增加，物料流速加快，强化研磨体的冲击和研磨作用，会提高粉磨效率。循环负荷率提高后，回磨物料中的细粉量增加，经过再次粉磨，成品中的微细粉增加，使产品的比表面积增大。

循环负荷率太高，回磨的粗料太多，会对研磨体的冲击和研磨起到缓冲、衬垫作用，从而降低粉磨效率。

循环负荷率太低，磨内物料流速慢，过粉磨现象严重，粉磨效率低，磨机产量降低。

538. “粘球”的原因及处理办法分别是什么

“粘球”这一现象常见在水泥磨上，可能出现磨机产量低、细度粗、磨内温度高和磨音低的现象。

产生的原因及处理办法：

（1）熟料温度高，磨体没有水冷却，加上磨内通风不良等。当磨内温度超过130℃，使球粘料。处理办法是向磨内淋水，加强通风，加入适量的助磨剂。

（2）混合材、石膏含水量大，通风不良等。处理办法是降低物料含水量，改善通风状况。

539. 磨机系统运转中的检查主要有哪几方面

（1）喂料系统：要检查喂料装置的运转情况、物料的储备情况、入磨物料粒度变化情况。

（2）磨体和传动部位：要检查磨机的磨头护板、衬板、隔仓板、磨门等有螺栓部位有无漏料和螺栓松动现象；磨机传动部位、减速机、电动机等运转情况。

（3）润滑系统：要检查各轴承的供油情况是否正常，指示仪表是否灵敏可靠，轴承是否过热，中空轴以及减速机的油温检查是重点。

（4）附属设备的运转情况：要检查喂料计量设备、分级设备、各种输送设备、收尘设备等。

540. 提高出磨水泥 SO_3 合格率的措施是什么

（1）认真维护喂料设备，提高计量精度。

（2）稳定石膏的质量，最好采用一个矿点的石膏。采用两个矿点以上的石膏一定要搭配使用，保证质量的稳定性，石膏中不得掺入杂质。

（3）加强出磨水泥混合材掺入量的控制，稳定入磨物料的准确性。

（4）严格控制入磨物料的粒度和水分，均匀喂料，稳定磨机操作。

541. 影响磨机产量的主因素有哪些

（1）粉磨物料的种类、物理性质、入磨物料粒度和温度、要求产品的细度；

（2）磨机的形式和规格，仓数及各仓间的长度比例、隔仓板形状和有效断面的大小、衬板形状、筒体转速；

（3）研磨体的种类、装填量及级配；

（4）加料的均匀性和物料在磨内的装填系数；

（5）磨机的生产工艺和操作；

（6）助磨剂的性能和加入量。

542. O-Sepa 型选粉机的主要优点有哪些

（1）物料颗粒分选精确，选粉效率高，可达 74%，可使磨机产量增加 22%～24%，节能 8%～20%。

（2）可在较大范围内控制产品细度，颗粒级配合理，有利于提高水泥质量。

（3）能处理高浓度含尘气体，并将含尘气流作分选气流使用，而不影响选粉性能。

（4）磨机可采取强力通风，选粉机内还可引入大量的冷风，有利于降低系统温度，提高粉磨效率，并且不需要水泥冷却器，简化了工艺流程。

（5）机体小、质量轻、布置紧凑、维修简单。

543. O-Sepa 型选粉机的工作原理是什么

待选物料由上部两个喂料管喂入选粉机，通过撒料盘、缓冲板充分分选，落入选粉区。选粉气流大多来自磨机，通过切向一次风进口，来自收尘设备的收尘风通过二次风进口进入，经导向叶片水平进入选粉区。在选粉机内由垂直叶片和水平叶片组成的笼式转子，回转时使内外压差在整个选粉区高度内上下维持稳定，从而使气流稳定均匀，为精确选粉创造了良好的条件。物料自上而下，为每个颗粒提供了多次重复分选的机会，而且每次分选都在精确的离心力和水平风力的平衡条件下进行。细粉从外向内克服了边壁效应的不利影响。O-Sepa 型选粉机结构见图 3-1。

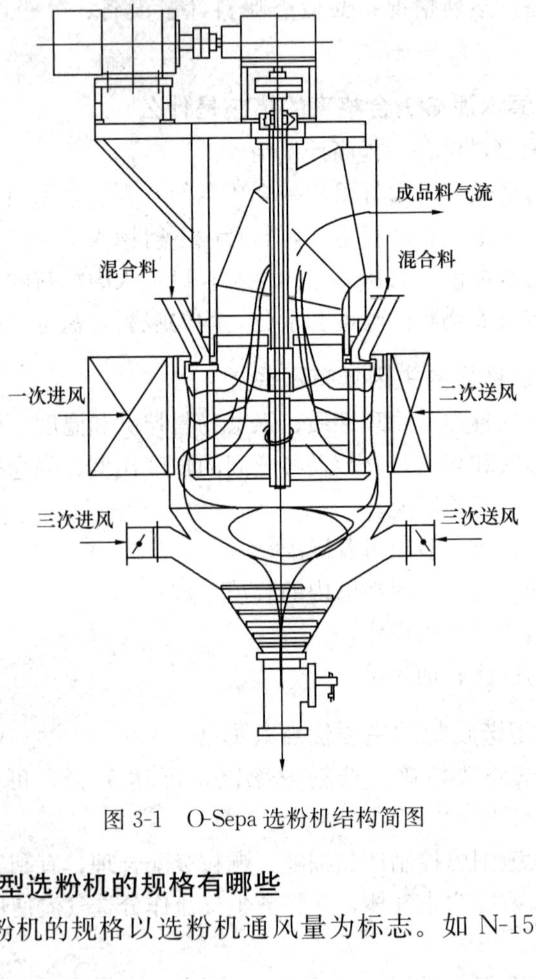

图 3-1　O-Sepa 选粉机结构简图

544. O-Sepa 型选粉机的规格有哪些

O-Sepa 型选粉机的规格以选粉机通风量为标志。如 N-1500 代表通风量为 1500m^3/min。

规格有 N-250、N-500、N-1000、N-1500、N-2000、N-2500、N-3000、N-3500、N-4000、N-4500，共 10 种。

545. 选粉机的作用是什么

选粉机的作用是及时将粉磨到一定粒度的合格细粉选出，粗粉重新返回磨机进行粉磨，防止细粉在磨内黏附研磨体引起的缓冲作用，提高磨机的粉磨效率。能调节成品的粒度组成，防止粗细不均，保证成品质量。对水泥粉磨来说，可根据要求的粒度组成同时生产几种性能的水泥，充分发挥水泥颗粒的作用。

546. 出磨水泥的控制项目有哪些

出磨水泥必须按产品标准中技术要求规定的物理性能检验。项目、频次等要求规定见表 3-3。出磨水泥的检验数据不能作为出厂水泥的质量检验数据。

表 3-3 产品标准中的技术要求规定

类别	控制项目	指标	合格率	频次	取样方式
出磨水泥	细度	$K\pm1.0\%$	≥85%	分磨 1h 1 次	连续、瞬时
	比表面积/m^2/kg	$K\pm15\%$	≥85%	分磨 1h 1 次	连续、瞬时
	混合材掺入量	$K\pm2.0\%$	≥80%	4h 1 次	连续、瞬时
	SO_3	$K\pm0.3\%$	≥70%	2h 1 次	连续、瞬时
	物理性能	—	—	24h 1 次	连续

547. 管磨机隔仓板篦孔堵塞的原因及处理办法分别是什么

主要原因：

物料含水量过高时，料粉潮湿，易粘住篦缝，致磨内通风不良；磨内通风不良时，水汽不能及时排出，物料和气体的含湿量增大，使篦缝堵塞现象加重，而篦缝堵塞又加重了通风困难和水分不易排出的问题。这 3 种原因互相影响，使问题越来越严重。

处理办法：

若隔仓板篦缝被料堵塞，可用减少或停止喂料的方法，使堵塞的物料层在隔仓板和物料的自身受热膨胀的条件下开裂，并在研磨体冲振作用下脱落、排出；若隔仓板篦缝被碎铁屑或杂物堵塞，需停磨，用钢钎和铁锤从隔仓板的进料侧向出料侧冲出，或用带钩的钢筋从出料侧钩出。

若长期未清仓，磨内碎研磨体和杂物过多，隔缝被堵塞过紧、过甚，就应进行清仓。

548. 调节管磨机成品细度的基本原则有哪些

磨头冒灰的原因是磨内通风不良，磨内负压过小，磨头部位处于正压。

(1) 尾部拔风筒上直径偏小或高度不够；

(2) 拔风筒上有漏风缺口；

(3) 磨机出料口至拔风筒的下端严重漏风；

(4) 收尘风机的叶片磨损或风量调节装置的开启度过小；

（5）磨机的隔仓板或出料篦板的篦缝被堵塞；

（6）收尘器本身或前后管道严重漏入空气或管道内有物料堵塞；

（7）磨头进料螺旋磨损严重或螺旋筒中卡有异物；

（8）入磨物料水分大或温度高，致粉磨能力下降。

发现磨头冒灰时应查清原因，针对问题进行处理。

549. 管磨机滑动轴承和减速机宜采用什么润滑油

（1）闭路磨，以离心式选粉机组成的系统主要用调节隔风板打进程度和小风叶安装片数的方法调节成品细度，必要时，可调节大风叶的安装片数。一般不轻易减少喂料量。

（2）开路磨，在磨内水分和通风正常且主电路电流和设备制造及安装质量允许的情况下，主要用增加研磨体装载量、调整各仓磨体填充率和级配的方法调整成品细度；细度偏细时，以增加喂料量的方法调粗成品的细度。

550. 润滑油起泡的原因有哪些

（1）在做飞溅或油浴润滑时，若油位过高或油的黏度偏大，浸入油中的大齿轮转速快（大于 100r/min），润滑油受到剧烈搅拌；

（2）油池中的冷却水管破裂，冷水漏入润滑油中，致油变质；

（3）回油管的位置过高，回油以大的压力冲击油面；

（4）油中的机械杂质、水分、抗氧化力等指标都远不符合指标。

551. 减速机漏油的处理措施有哪些

先把密闭部位清洗干净，再用纸垫、封口胶及铅油等相结合的办法进行封闭，封好后静置 4h 以上，才投入使用。

552. 减速机齿轮磨损的主要原因有哪些

（1）齿面在超负载下运行；

（2）齿面的硬度低；

（3）齿轮的侧间隙大，齿轮有滑动和撞击现象；

（4）润滑油黏度小或油量不足；

（5）润滑油中混有杂质、粉尘、金属屑等。

553. 水泥磨入磨物料温度高对产量及设备的影响有哪些

（1）入磨物料温度越高，物料的易磨性就越差。

（2）当温度超过 100℃时，会使石膏部分脱水，不但会导致水泥快凝，而且会糊球，影响粉磨效率；实践证明，当磨内物料温度超过 80℃时，磨机产量将会下降。

（3）磨内温度升高后，还可能使轴承温度也随之升高，磨体由于热应力的作用，会引起衬板变形、螺栓断裂。

(4) 由于轴承发热，润滑作用降低，就可能造成轴瓦的合金熔化而产生设备事故。入磨物料温度一般控制在100℃以下为宜，最好不超过80℃。

554. 研磨体填充率对磨机产量的影响有哪些

当研磨体加入量不足即填充率太低时，则没有足够多的研磨体对物料进行冲击和研磨，势必使球料比下降，使磨机产量下降，故在一定的范围内增加磨机的填充率，可以提高磨机产量和降低电耗。有时填充率较高时，产量提高了，但电耗下降不多或不下降，甚至升高。如提高填充率不适当，由于研磨体冲击高度下降，不但电耗上升，而且磨机产量也会下降。

一般管磨、中长磨各仓的填充系数分布规律为前仓高于后仓，依次递减，这种装法称正梯形装法。圈流磨总是正梯形装法。

555. 磨机产量低而产品细度较粗的原因有哪些

这种产量、质量都很差的情况可以认为是研磨体装载量不足即填充率太小引起的，也可能是磨机生产一段时间后，研磨体消耗过多又没有及时补充所致。

556. 新安装或大修后的设备试运转前，设备的准备工作内容有哪些

准备工作内容包括：

(1) 清除主机与各辅机内部杂物；

(2) 操作人员各自就位，并处于安全位置；

(3) 拧紧所有连接螺栓及地脚螺栓；

(4) 确保润滑系统下水冷却系统负荷符合设计要求，保证管道阀门通畅无阻，备足润滑用油；

(5) 确保各处密封部位密封良好；

(6) 确保所有仪表、信号照明均已安装完毕，且情况良好；

(7) 确保电动机及控制系统情况良好；

(8) 确保主机及辅机能运转；

(9) 确保被磨物料已备足；

(10) 确保安全设施齐备。

557. 机械设备对润滑材料的基本性能要求是什么

(1) 应有适当的黏度和流动性，以便形成隔离摩擦表面的油膜或油楔。

(2) 具有良好的润滑性或油性，以适应边界润滑的条件，使润滑材料黏附在摩擦表面上，不致由于挤压而脱落。

(3) 抗乳化能力强，抗泡沫性好。

(4) 较高的统一计划和较高的化学稳定性，以防止迅速氰化变质。

(5) 较低的摩擦系数、较高的导热性能和较大的热容量。

(6) 腐蚀性能低。

（7）可靠的适应性。

558. 提高磨机产量的方法有哪些

（1）降低入磨物料粒度。

（2）提高物料的易磨性。

（3）控制熟料入磨温度，最高不超80℃，出磨水泥温度<120℃。

（4）入磨物料水分控制在1%～1.5%为宜。

（5）加入适量的助磨剂。

（6）采用合理的钢球级配。

（7）加强磨机通风。

（8）控制合理的料球比。

（9）确保操作的稳定性。

559. 正常生产时对罗茨风机应做哪些项目的检查

（1）出口压力是否符合要求。

（2）油泵注油是否良好，有无漏油，有无异声，油箱内的油量是否适量。

（3）各处温度是否正常。

（4）地脚螺栓有无松动。

（5）电流表是否正常。

560. 离心式通风机断轴原因有哪些，如何处理

（1）离心式通风机断轴后，应立即进行处理。对小功率轴，可立即予以更换；对大功率轴，可采用镶套接轴办法予以修复，但注意装配时采用温差法，在冷却过程中适时加以扶力，使轴同心，再将断轴连接。为了安全，可在连接处增加4个ϕ30mm暗销。

（2）在风机进风管道，全部用稻草绳包扎一圈，然后用水泥、珍珠岩粉、耐火泥等材料混合物涂抹一层，予以管道保温。

（3）采用弧形排风管道，加大防雨罩，使雨水不能漂进风机，减少风机锈蚀。

（4）风叶、风机内壳及管道积灰要定期清理，物料水分也要控制，降低进入风机的气体含湿量，进而减少风机系统结露。

561. 如何预防离心式通风机断轴

（1）经常加润滑油，保证油量充足；

（2）经常清洗过滤器、过滤元件，防止堵塞；

（3）油压表失灵时及时更换；

（4）润滑油管路堵塞或破裂时及时清理或更换；

（5）油泵失去作用、回油阀失灵、油经回油阀短路回油池时及时检修。

562. 空压机润滑油压力突然降低的原因及处理办法分别是什么

原因：

（1）机身润滑油不足；

（2）过滤器、过滤元件堵塞；

（3）油压表失灵；

（4）润滑油管路堵塞或破裂；

（5）油泵失去作用、回油阀失灵、油经回油阀短路回油池。

处理办法：

（1）立即加润滑油；

（2）清洗过滤器、过滤元件；

（3）更换油压表；

（4）清理或更换润滑油管；

（5）检修油泵、回油阀。

563. 空压机注油器不上油的原因及处理办法分别是什么

原因：

（1）注油器滤网堵塞；

（2）油管堵塞或油管路破裂、漏油；

（3）泵中的止逆阀与阀套，球阀和锤形弹簧与阀座磨损、卡死或不起作用。

处理办法：

（1）清洗滤网；

（2）疏通管道或更换破裂的油管；

（3）更换磨损严重的备件，研配球阀、弹簧与阀座。

564. 空压机安全阀故障的原因及处理办法分别是什么

原因：

（1）安全阀开启不及时；

（2）阀瓣开程达不到应有高度；

（3）安全阀关闭不严。

处理办法：

（1）重新调整；

（2）拆卸洗涤、检修；

（3）清除污物，重新闭阀。

565. 空压机填料箱不严密、漏气的原因及处理办法分别是什么

原因：

（1）弹簧损坏或弹力小，使其不能与活塞杆完全密封；

（2）箱中金属密封装置无法窜动，与活塞杆有缝隙。

（3）活塞环磨损、拉伤，部分磨偏不圆等；

（4）填料箱中的金属密封盘内径磨损与活塞杆密封不严；

（5）润滑油供应不足，填料箱部分气密性恶化，形成漏气。

处理办法：

（1）更换新弹簧；

（2）重新装配填料箱中的金属密封盘，使之在箱中能够自由窜动与活塞杆密封；

（3）检修或更换活塞环；

（4）更换密封盘；

（5）保证填料箱中有适当的润滑油。

566. 空压机注油器注油不正常的原因及处理办法分别是什么

原因：

（1）油塞与泵体过分磨损，压力达不到要求；

（2）注油器调节不合适，使油量过多或过少。

处理办法：

（1）更换或检修油塞；

（2）重新调节注油泵的行程。

567. 空压机运行中出现不正常声音的原因及处理办法分别是什么

原因：

（1）尖声：余隙过小；活塞螺母松动；缸内有水；气阀松动；汽缸或气管中有异物；阀片、弹簧损坏。

（2）闷声：连杆大小头瓦、十字头销衬套、滑道磨损严重，间隙大；轴颈椭圆度过大；轴承间隙大；皮带轮松动或皮带松弛。

处理办法：

（1）尖声排除法：调整余隙；拆下、拧紧活塞螺母；检查冷却系统的严密性；拧紧气阀制动器螺栓；清除汽缸或气管中的异物；清除碎片，更换弹簧。

（2）闷声排除法：修配或更换相关部件；修磨轴颈；更换轴承；紧皮带轮或紧皮带。

568. 罗茨鼓风机振动大的原因及处理办法分别是什么

原因：

（1）转子不平衡；

（2）静压过大；

（3）管路中出口阀未打开。

处理办法：

（1）重新对转子进行动压平衡；

（2）适当降低负荷阻力；

（3）及时打开出口阀门。

569. 罗茨鼓风机两转子之间有局部撞击的原因及处理办法分别是什么

原因：

（1）传动齿轮键松动；

（2）转子键松动；

（3）齿轮轮毂和主轴的配合不良；

（4）两转子间的间隙不一；

（5）滚动轴承坏或已过使用期限；

（6）主轴或从动轴弯曲；

（7）齿轮使用过久，侧隙增大。

处理办法：

（1）更换齿轮键；

（2）更换转子键；

（3）检查配合面是否有碰伤，检查键槽是否损伤，检查轴端螺母锁紧情况和防松垫圈的可靠性；

（4）调整两转子间的间隙；

（5）更换滚动轴承；

（6）调直或更换轴；

（7）更换磨损的齿轮。

570. 罗茨鼓风机齿轮不正常磨损的原因及处理办法分别是什么

原因：

（1）齿轮制造质量不良；

（2）齿轮安装质量不良；

（3）齿轮润滑不良；

（4）转子不平衡，振动大；

（5）转子轴承坏。

处理办法：

（1）提高齿轮制造精度；

（2）提高齿轮安装精度；

（3）加强润滑，注意油品的质和量；

（4）转子找平衡；

（5）更换轴承。

571. 罗茨鼓风机试运行正常，停下后不能启动的原因及处理办法分别是什么

原因：

（1）进、出口风管上阀门没有打开，造成超载；

（2）风机进出口管道设计安装不当，运行后外壳受压变形。

处理办法：

（1）开启阀门，使之空载；

（2）拆卸进出口风管，重新改进，支承好管道。

3.4 技师/二级

572. 辊压机辊面损坏的原因及处理办法分别是什么

辊压机辊面损坏主要表现是辊面产生裂纹，逐渐扩展为裂缝，导致辊面产生凹坑或辊面硬质耐磨层剥落。

原因：

（1）辊压机辊面的微裂纹一般是因辊面堆焊工艺措施不当而产生的，如果微裂纹没有相互贯通，没有延伸扩展，辊面还能使用，否则将造成辊面破坏。

（2）在运行过程中，往辊压机中喂进的物料里混入块状金属杂物，它们在两个辊子间强大的挤压粉磨力的作用下，就会直接对辊面构成挤压、冲击、摩擦等，加剧辊面微裂纹的扩展、延伸、贯通，使辊面产生凹坑或辊面硬质耐磨层崩落。

（3）辊压机辊面由几层复合金属堆焊而成，辊子的基体由合金锻钢制造，在工作圆周面有一层中等硬度的过渡层，在过渡层上堆焊合金硬化层，在硬化层上堆焊更硬的耐磨花纹。硬化层很坚硬，但韧性相对较差，当碰到较硬的物体时，就会出现辊面缺陷，损坏辊面。

处理办法：

（1）辊压机制造厂要采取有效措施改进堆焊工艺，确保辊面堆焊硬质耐磨层的质量。辊压机用户要严格检查进厂辊子的辊面质量，还要掌握必要的辊面堆焊工艺技术。

（2）在辊压机喂料皮带输送机上加设磁性金属分离器（除铁器）和金属探测器，将喂料皮带上混杂在物料中的铁磁性金属吸起来，甩到一个带快速执行机构的分叉板溜子里排掉。

573. 辊压机轴承损坏的原因及处理办法分别是什么

辊压机的轴承有微裂纹，运转中逐渐扩展为裂缝，爆裂损坏。轴承是辊压机的重要部件。辊压机粉碎物料的粉磨力通过液压缸施加于轴承座推动辊子由电动机驱动，使压辊转动，这些关键动作都离不开轴承。一旦轴承损坏，辊压机就必须停机。

原因：

（1）辊压机轴承在制造过程中有质量问题，存在自身缺陷，有微裂纹。

（2）辊压机在使用过程中过载、非正常振动等，导致辊压机轴承负荷加剧，最终损坏。

（3）辊压机安装不当留下了隐患，导致轴承失效。

（4）辊压机轴承润滑不良，过度磨损和剥落，轴承密封失效，轴承座及辊轴冷却不好导致轴承内外圈温差太大，极易造成轴承爆裂损坏。轴承内进灰，供油不足，轴承发热，若发现不及时，就会烧坏轴承。

处理办法：

（1）辊压机轴承制造厂要采取有效措施，改进生产工艺技术，确保出厂轴承的质量个个过硬。辊压机轴承用户要严格检查进厂轴承的质量，轴承质量不过关不能进厂，更不能投入使用。

（2）严格控制喂料量，避免辊压机过载。同时对辊压机的振动特别是非正常振动，要查明原因，及时处理，提高辊压机的运转平稳性，避免辊压机剧烈振动。

（3）辊压机一般应布置在地面上，但由于工艺流程需要而将辊压机布置在楼面上或钢结构平台上时，应充分考虑辊压机的工作载荷系数，若楼面或钢结构平台无加强梁、设计单薄、平台刚性太差时，应重新考虑加强措施，避免机体剧烈振动导致的轴承当量负荷成倍增长而损坏轴承。

（4）切实重视轴承润滑工作和轴承密封事宜。由轴承寿命公式可知，在轴承选型即轴承的额定动载荷已经确定的情况下，轴承的寿命在很大程度上取决于一个与材料和润滑有关的系数。要精心选择润滑油脂的牌号特征，选用既有一定黏度（较大值）又易流动的适合辊压机轴承使用的润滑油脂（必要时，可进行一些平行试验加以确定）。

此外，还要控制进入辊压机物料的温度，一般情况下进机物料温度不得超过500℃；要注意轴承的密封，加强对轴承座和辊轴的冷却，降低润滑油脂的工作温度，减少轴承内外圈温度差。定期清洗冷却水道，确保轴承安全运转。

574. 球磨磨头漏灰原因有哪些

（1）进料斗外径表面粗糙而且不圆，工业毛毡浸油后固定在它上面，随同中空轴一起旋转，故毛毡极易磨损。毛毡与进料斗相互摩擦一段时间后就会出现缝隙，进料斗（接料管）倒圆锥处有一空间，物料在此不易被输送，全产生滞留和返料，为漏灰提供了前提条件。毛毡磨损后，由于更换毛毡不太容易，频繁更换更不可能，因而缝隙越来越大，吐料冒灰现象越来越严重。

（2）中空轴内螺旋槽的输送能力达不到要求，再加上进料螺旋叶片由于长期运送块状物料而造成叶片磨损或者螺旋叶片设计高度不够，以致物料料位高出叶片高度，特别是当进料速度超出它的输送速度时，高出螺旋叶片的一部分物料进磨速度减慢，不能被及时输入磨内，粉料就会溢漏出。

（3）研磨体级配和装载量不合理，片面强调提高一仓研磨体平均球径或增大装载量可以提高磨机产量，使磨内研磨体填充率提高，进而球料整个填充率提高，料面超过螺旋叶片高度，喂料螺旋筒内始终有部分物料积存，造成磨头漏灰。

（4）选粉机循环负荷率过高，回料多，进料速度超过螺旋筒输送高度，回料不能及时进入磨内，在磨头缝隙处形成堆料死角，加大了封闭缝隙处由螺旋始端运转带来的向外压力，使密封缝隙受到堆积物料和向外压力的双重挤压而加大，导致磨头漏灰。

（5）磨机正压操作或微负压操作，致使磨头处灰料溢出。

575. 磨机磨尾出料圆筛堵塞原因及处理办法分别是什么

原因：

（1）入磨物料水分较高，尤其在雨期更厉害，若非烘干磨，必然导致粉尘黏附在出料圆筛孔上，以致堵塞圆筛。

（2）入磨物料粒度太大，造成出磨水泥（或生料）中的粗颗粒较多，磨尾筛中的粗颗粒不能及时被排出，以致磨尾筛在回转运转中被粗颗粒堵塞，降低了物料流速、加大了磨尾筛的负荷，影响了磨机通风，降低了磨机生产能力，也缩短了磨机法兰的寿命。

（3）磨机设计结构不尽合理，也会造成磨尾筛堵塞频繁。

处理办法：

（1）当物料水分较大却无法用烘干等措施有效降低物料水分时，可在磨尾圆筛处上半部正中间靠中心线位置上开孔，用旁路连通办法与加热炉连通。安装后一般可解决物料水分大而引起的堵塞问题。

（2）当入磨物质料粒度较大时，粗颗粒多引起堵塞，可采取调整磨的研磨体级配以减少粗颗粒的办法。

（3）对出料圆筛的结构予以改进，增设振打、导渣装置，提高磨尾筛出料能力和防堵性能。

576. 磨机产量降低而产品细度难以控制时，应从哪几方面检查原因

（1）研磨体的补充是否及时、补充量是否充足、补充的规格是否合理；

（2）球内研磨体小球和碎金属块是否过多；

（3）篦缝有无严重堵塞现象，篦缝宽度是否磨损过大；

（4）篦板是否破裂，衬板是否磨损严重；

（5）物料性质有无变化等。

577. 斗式提升机掉道、落架的原因及处理办法分别是什么

原因：

（1）提升机下部装置在结构上存在缺陷，使链条脱轨甚至断链故障频繁发生收缩时，轴承座向上滑行，从受力分析可知，由于杠杆作用，会产生一个水平的分力，使轴承座中的滑槽与滑轨之间有一个正压力，加大了滑行的摩擦力，而且收缩量越大，这种摩擦力也越大。反之，当链条伸长时，也会产生一个方向相反的水平分力，伸长量越大，摩擦力也越大。提升机大多数时间处于这两种情况，轴承座难以滑动，特别是新安装的提升机，其滑行行程要相对长些，其阻力当然更大，这样张紧效果就不佳，容易导致链条出轨，严重时会使链条断裂。

（2）提升机两根链条长短不一，容易发生掉道故障。

（3）提升较大块状物料时，料斗在机尾底部舀取物料时容易卡死，引起断链、断带即落架事故。

（4）U 形环钩与料斗的连接无加固板，经过一段时间运行，连接孔扩孔变形、环钩在牵引件运行方向上承受的拉力增大，另外，因加工过程中部分环钩存在过烧或热处理工艺中出现偏差，都会导致脆性断裂，造成牵引件落架事故。

（5）个别链环接口虚焊或焊肉太浅，抗拉强度与运行要求不符，也会造成落架。

（6）斗式提升机在运行过程中，因头轮镶块磨损或因其固定螺栓松动，都可造成形环沉底，使牵引件中的 U 形环及立链部分直接与轮毂相撞，将拉伸应力变为弯曲应力，导致 U 形环脆断。也可能由于 U 形环材质选用不当，只注意了耐磨性而忽视了韧性，当头轮镶块安装不平整时，料斗在头轮换向时与头轮镶块撞击载荷和来自传动环节的变力，引起 U 形环随机脆断。或者 U 形环受脉冲载荷，产生疲劳断裂，造成落架事故。

处理办法：

（1）建立岗位巡检制度，适时更换头轮镶块及部分牵引件；提高安装精度、严格选配配件，减少累积误差。

（2）改进提升机下部装置，减少下链轮轴承故障。

（3）提高 U 形环链及链条使用寿命。

（4）对头轮镶块进行改造。

578. 如何判断熟料的易磨性

熟料的易磨性随熟料的矿物组成、冷却速度、液相含量、储存时间的变化而变化。

（1）熟料中 C_2S 含量增加，则熟料的易磨性降低；

（2）熟料的易磨性随 C_3S 、C_3A、C_4AF 的含量增加而提高；

（3）熟料的易磨性随熟料占比的增加而提高，随生料占比的增加而降低；

（4）熟料中的液相量越多、熟料越致密，则易磨性越低；

（5）熟料冷却得快、质地较脆，易磨性系数就大；

（6）出窑熟料经过适当时期的储存，使熟料中的游离氧化钙吸水变为氢氧化钙而体积膨胀，可改善熟料的易磨性。

579. 水泥制成系统的质量如何控制

（1）出窑熟料要按品质分别存放、搭配入磨，不得直接入磨，一般应储存一段时间，使熟料中部分 f-CaO 消解。还要避免磨内温度过高，造成二水石膏脱水，导致水泥假凝。

（2）加强出磨水泥质量的检测和控制，不仅要检测细度、SO_3 含量，而且要检测安定性、强度、混合材掺量。质量波动大时，要尽量缩小出磨水泥检测吨位即增加检测频次。

（3）严格控制出磨水泥出入库制度，应按化验室指定的库号入库，并做好入库水泥质量及记录，为指导水泥均化及出厂提供依据。

（4）混合材掺量和均匀性稳定对水泥强度及其标准偏差值有较大影响，应严格控制其配比的准确，并加强磨头物料流量的抽查。此外，应及时分析检测混合材的质量和活性，确保混合材质量符合标准要求。

（5）水泥的均化对确保质量均匀稳定及降低出厂水泥的标准偏差值具有重要的作用。应根据入库水泥质量及工艺条件，采用多库搭配、机械倒库等措施对水泥进行均化。

（6）当熟料中 f-CaO 及方镁石偏高时，水泥细度应磨细些，以利于改善安定性及提高强度。

580. 什么叫水泥的安定性

水泥浆体硬化后变化的均匀性称为水泥体积安定性（简称安全性），即在水泥加水后，逐渐水化硬化，水泥硬化浆体能保持一定形状，不开裂、不变形、不溃散的性质。

581. 引起水泥安定性不良的主要因素有哪些

导致水泥安定性不良，一般是熟料中的游离氧化钙、游离氧化镁或掺入的石膏过多（SO_3 过多）等原因造成的，其中 f-CaO 是一种最常见、影响最严重的因素。死烧状态的 f-CaO 水化速度很慢，在硬化的水泥石中继续与水生成六方板状的 $Ca(OH)_2$ 晶体，体积增大近一倍，产生膨胀应力，破坏水泥石结构。其次是游离氧化镁即方镁石，它的水化速度很慢，水化生成 $Mg(OH)_2$ 时体积膨胀148%。但急冷的熟料中的方镁石结晶小，对安定性影响不大。最后是水泥中的 SO_3 过高即石膏掺入量过多，多余的 SO_3 在水泥硬化后继续与水和 C_3A 形成钙矾石，产生膨胀应力而影响水泥的安定性。若水泥熟料中的 f-CaO 和方镁石过高，磨制水泥时又加入过多的石膏，这些因素互相叠加，就会使水泥的安定性严重不良。

582. 破碎机和辊压机转子表面的堆焊应注意什么问题

（1）焊前须清除堆焊表面的铁锈、黄油、机油和其他脏物；异常裂纹、严重变形的表面层须进行打磨，以防焊接金属颗粒从基体金属或堆焊层脱落。

（2）焊件表面需在 37.8～93.3℃预热。

（3）为防止焊件变形，应采用刚性加固、预融合金等方法控制。

（4）熔敷和表面堆焊的工作时间不应拖得太久，以防焊层开裂，并免除再预热。

（5）焊层厚度不要超过规定，以防止增大收缩应力而引起剥落。若需较厚的堆焊层，应分层堆焊，堆焊前须修复。每焊一层应以锤轻敲堆焊层，以释放应力。

（6）刚性大的零件、热压件、大型铸件和热处理淬硬件在表面堆焊过程中可能出现应力破坏。避免应力破坏的方法：特种基体金属的预热应缓慢，并应热至上限温度；整个零件应预热均匀；堆焊工作不要长时间中断；焊后的冷却应缓慢而均匀。

583. 辊压机液压系统漏油、压力上不去的原因有哪些

（1）密封圈（包括各连接部位及各种溢流阀、换向阀内部的密封圈）破损。更换密封圈即可。

（2）油缸漏油。若是内泄，可能是缸内的 Y 形密封圈破损，应进行更换；也可能是油中的杂物沉积于油缸下部，随缸内活塞来回运动，应将油缸内壁补镀一层，再机械加工至设计要求。若系油缸外泄，即活塞杆与端盖接合处泄漏，应在活塞外壁补镀一层，再进行外圆磨加工。若油缸磨损严重，无法修复，应更换油缸。

（3）若系统压力上不去，可能是泵站溢流阀有问题，应检修、清洗。

（4）油缸压力上不去，可能是电磁溢流阀有泄漏，可连续进行几次加压、卸压操作，将其中的杂物冲刷掉；若无效，则应检修。

584. 粉煤灰活性的决定因素及激活方法分别是什么

粉煤灰活性的决定因素：玻璃体含量、玻璃中可溶性的 SiO_2、Al_2O_3 含量及玻璃体解聚能力。粉煤灰的活性大小不是一成不变的，可以通过人工手段激活，常用的方法有 3 种：

（1）机械磨细法：主要是提高粉煤灰的活性。

一方面：粉碎粗大多孔的玻璃体，解除玻璃颗粒黏结，改善表面活性，减少配料在混合过程中的摩擦，改善集料级配，提高物理活性。

另一方面：破坏了玻璃体表面坚固的保护膜，使内部可溶性 SiO_2、Al_2O_3 溶

出，断键增多，比表面积增大，反应接触面增加，活化分子增加，粉煤灰早期化学活性提高。

（2）水热合成法：主要是急剧加热、迅速冷却，温度为1100～1300℃。

（3）碱性激活法：碱类物质对硅酸盐玻璃网格具有直接的破坏作用，所以碱性溶液对粉煤灰具有最强的作用，即碱性激发。

585. 用粉煤灰生产水泥的优点有哪些

（1）节省燃料；

（2）增加产量、降低电耗；

（3）降低产品生产成本，改善水泥的某些性能；

（4）保护环境，变废为宝。

586. 粉煤灰硅酸盐水泥的特点是什么

（1）早期强度低，后期增长率大，比普通硅酸盐水泥大一倍，浇筑实体致密，不易产生裂缝，水泥石结晶完整、耐风化，适用于道路、堆场、机场跑道、水坝等工程；

（2）干缩性小，能明显改善混凝土的干性收缩与脆性；

（3）水化热偏低，适用于高温季节施工或大体积混凝土工程施工；

（4）胶砂流动度大，和易性好，在相同坍落度时可比普通硅酸盐水泥减少拌合水，从而减少水灰比；

（5）耐硫酸盐性能好，长期处在有硫酸盐的介质中，基本无侵蚀现象；

（6）能够改善水泥的安定性。

587. 铸造锻的使用性能是什么

（1）普通铸铁锻：以废钢、废铁和生铁为原料铸成，其硬度＜30HRC，每吨水泥的磨耗量为500g或稍多，价格较低。

（2）水冷硬模铸铁锻：硬度大，耐磨性好。

（3）高铬铸铁锻和低铬铸铁锻：它们都是硬度大、耐磨性能好的锻，且用后表面光滑不粘料，碎锻比率小，隔仓板和篦缝堵塞的概率相应较低。

588. 空压机传动机构润滑失效的原因及处理办法分别是什么

原因：

（1）设计不当，连杆小头瓦轴向中间位置径向有8个ϕ2mm均布小孔，供应连杆小头瓦与十字头销轴摩擦面、十字头体与滑道摩擦面的润滑都是由这8个均布小孔供应的。由于孔深、油路不畅，到达摩擦面的油形不成油膜，造成润滑失效。

（2）由于橡胶老化、缩口小、弹簧失效，精滤器和曲轴前端连接小油嘴处密封不好，造成润滑油回流，油压下降，使空压机不能启动或在运行中突然自动停机。

（3）齿轮油泵磨损严重、间隙大，使供油量和供油压力达不到技术要求，也是传动机构润滑失效的原因之一。

（4）机身底部油箱润滑油不洁净，也是造成润滑系统堵塞乃至失效的重要原因。

处理办法：

（1）及时更换磨损超限的轴瓦、销轴及齿轴泵等，使润滑系统零部件始终处于良好状态。

（2）定期更换润滑油，并采取有效措施防止润滑油被污染。

（3）定期更换曲轴前端橡胶骨架轴承油封，改善曲轴前端与精滤器连接小油嘴的密封状态，防止润滑油回油，使润滑油供应可靠。

（4）在连杆小头瓦的外侧轴向中间小油孔处增设一径向油槽，沟通8个小孔；在连杆小头瓦的内侧径向每个小孔处也增设油槽，从而改善各润滑面的供油状况。

589. 空压机发出尖声的原因及处理办法分别是什么

（1）余隙过小，应进行调整；

（2）活塞螺母松动，可拆下拧紧；

（3）缸内有水，应检查冷却系统的严密性；

（4）气阀松动，应拧紧制动器螺栓；

（5）汽缸或气管中有异物，应予清理；

（6）阀片、弹簧损坏，应清除碎片，予以更换。

590. 空压机发出闷声的原因及处理办法分别是什么

（1）连杆大小头瓦、十字头销衬套、滑道磨损严重，间隙过大，应进行修配或更换；

（2）轴颈椭圆度过大，需要修磨；

（3）轴承间隙过大，需要更换轴承；

（4）皮带轮松动或皮带松弛，可紧皮带轮、紧皮带。

591. 袋式收尘器滤袋堵塞（糊袋）原因及处理办法分别是什么

（1）滤袋因漏水、被淋出现堵塞。

处理办法：解决漏水源，干燥处理，反复清灰。

（2）滤袋悬挂方法不正确，张力不足而引起堵塞。

处理办法：改进悬挂方法。

（3）滤袋因清灰不良引起堵塞

处理办法：一是改善清灰装置；二是加强人工清灰。

（4）滤袋因过滤风速过高而引起堵塞。

处理办法：适当调整风量。

(5) 滤袋因粉尘湿含量高或气体湿含量高而引起堵塞。

处理办法：

① 尽量减少收尘器的漏风，减少冷空气侵入引起的结露；

② 对通风管道、收尘器外壳进行保温，防止散热；

③ 在冬季或气温较低的地区，或处理湿含量较高的含尘气体时，最好采用加热措施。如用电热器、水蒸气或火炉（小型设备用）加热。某厂在进袋式收尘器管道上装设了电加热器，此电加热器由 12 根（每根 1kW）电炉丝绕进气管道敷设，在电炉丝和管道之间加绝缘传热材料，不但解决了以前的糊袋问题，而且使收尘效率大幅度提高。

④ 使用抗结露玻璃纤维滤袋或玻璃膨体纱滤布袋等新型滤袋，可较好地解决滤袋堵塞、破损过快等问题。

592. 袋式收尘器滤袋破损的原因及处理办法分别是什么

(1) 由于滤袋框架焊接不平整，有毛刺、有棱角，或与箱体有摩擦，使滤袋在晃动过程中被磨破或被扎漏。

处理办法：一是修整框架；二是调整滤袋安装方法。

(2) 由于滤袋悬挂过于松弛，引起滤袋破损。

处理办法：改善挂袋工作质量。

(3) 由于滤袋拆卸或安装时与金属棱角碰撞有暗伤，使用中破损。

处理办法：注意滤袋安装前后各环节，防止利器损伤滤袋。

(4) 由于清灰周期过短或过长，或者在人工捅灰时，铁质工具损伤袋子。

处理办法：调整清灰周期，尽量不用人工捅灰。

(5) 含尘气体浓度过大、风速过大加重了滤袋的负担，造成滤袋的早期破损。

处理办法：适当调整风量，减小过滤风速。

(6) 由于废气温度过高、滤袋材质欠佳引起滤袋烧毁。

处理办法：一是控制进口温度；二是增设温控装置；三是改进滤料材质，如使用玻璃膨体纱滤布滤袋等。

3.5 高级技师/一级

593. 什么是滞留带，如何减小滞留带

球磨的研磨体必须产生运动才能对物料进行冲击和研磨，冲击和研磨的能量主要由衬板提升研磨体而获得。衬板将运动传递给紧靠衬板的第一层研磨体，该层研磨体在运动的同时将运动传递给第二层研磨体。研磨体一次向纵深层传递运

动的过程中，必然会产生相对运动，传递的速度将一层层减弱下去。如果研磨体的层数非常多，磨内必然存在一部分研磨体无法获得能量而处于相对静止不动的状态，这部分研磨体区域即形成滞留带，从而对粉磨的质量和效率构成影响。

为缩小滞留带，可以采用活化衬板。就是采用比普通波纹衬板更凸起的特殊衬板，更换原段仓的部分衬板，并按一定的次序排列，从而缩小或消除“滞留带区”，还可以使一小段产生一定的纵向运动，使所有的研磨体活化起来，参与研磨，增加研磨效果。实践证明，活化衬板对消除滞留带是非常有效的，解决了大中型磨机滞留带过大的技术难题。

594. 辊压机要想达到较好的预粉磨效果，必须具备的条件有哪些

影响辊压机运行的因素较多，要想使辊压机系统达到较好的预粉磨效果，须具备3个条件：必须强制喂料，物料不能呈自由落体状态落入两个压辊之间；施加于物料颗粒之间的压力必须足够大且要稳定；喂料粒度应合适，使两辊能顺利地咬住物料颗粒。

595. 研磨体的补充原则有哪些

以研磨体磨损量不超过研磨体总装量的5%确定研磨体的补加周期。

(1) 根据单位时间内的消耗量补充；

(2) 根据磨机产量与单位产品研磨体的消耗量补充；

(3) 根据磨机电动机的电流值降低情况补充；

(4) 实测磨内研磨体平面降低的高度来补充；

(5) 必要时筛选不合格的研磨体。

596. 影响磨机工艺操作的因素有哪些

物料性质：入磨粒度、易磨性、成品粒度、比表面积、物料温度、水分、助磨剂。

工艺参数：磨机转速、装球量、研磨体的级配、磨内物料的流速、磨内风速、冷却效果。

机械结构：长径比，仓位，衬板形式，篦板，篦孔。

597. 如何根据磨机产量和产品细度进行检验分析添球量

(1) 当磨机出现产量低、产品细度粗时，说明研磨体装载量不足或研磨体磨耗太大，此时应添加研磨体。

(2) 当磨机出现产量不高、产品细度粗时，说明磨内物料流速过快，粉碎能力过强，而研磨能力不足，是平均球径过大所致。此时应适当减少大球、增加小球和钢锻以提高研磨能力，减少研磨体之间的空隙，使物料在磨内的流速减慢，延长物料在磨内的停留时间，以便得到充分的研磨。

(3) 若一仓经常出现满磨和磨内物料流动不畅，同时产量低、产品细度细

时，有时还要停止喂料，说明磨内粉磨能力不足，这时可增加大球，取出部分小球，以增加一仓粉碎能力。但要注意其他因素，若入磨物料水分过大而引起满磨，则不能采取增加大球的方法，而应当控制物料水分。若磨机产量高、产品细度细时，说明研磨体的装载量和级配都合理。

598. 如何根据磨音判断研磨体级配和研磨体的装载量

在正常喂料的情况下，一仓钢球的冲击较强，有“哗哗”的声音。若第一仓钢球的冲击声音特别洪亮时，说明第一仓钢球的平均球径过大或填充率较大；若声音发闷，说明第一仓钢球的平均球径过小或填充率过低，此时应提高钢球的平均球径和填充率。第二仓正常时应能听到研磨体的“唰唰”声。

599. 如何根据磨内物料情况判断研磨体级配和研磨体的装载量

在磨机正常喂料的情况下，同时停止喂料和磨机运转，打开磨门观察磨内球料情况。根据生产经验，一仓中的钢球应露出半个钢球于料面上，二仓研磨体应覆盖着10～20mm的薄料层，说明钢球级配是合理的。如一仓钢球外露太多，说明装载量偏多或钢球平均球径过大；反之则说明装载量偏少或钢球平均球径过小。球料比过小，物料流速慢，粉碎能力不足。

4 水泥包装

4.1 初级工/五级

600. 水泥的装运方式有哪几类

水泥的装运方式有 3 类：袋装、散装、集装。

601. 什么是袋装法

袋装法就是用水泥包装机将水泥装入纸袋内，每袋水泥具有一定的质量。

602. 袋装水泥的优、缺点分别是什么

优点：每袋水泥的体积小，便于装运、堆放和清点计量。

缺点：装运、使用时不便于实行机械化；储运过程中，纸袋容易破损，水泥损失量可达 3%～5%；长期储运会降低水泥质量；消耗大量制造纸袋的优质木材；增加生产成本。

603. 水泥包装标志的含义是什么

水泥袋上应清楚标明：产品名称、代号、净含量、强度等级，生产许可证编号，生产者名称和地址，出厂编号，执行标准号，包装年、月、日。掺火山灰混合材料的水泥还应标上“掺火山灰”的字样。包装袋两侧应印有水泥名称和强度等级。不同品种的水泥采用不同颜色字体进行印刷：硅酸盐水泥和普通硅酸盐水泥的印刷采用红色，矿渣硅酸盐水泥采用绿色，火山灰硅酸盐水泥和粉煤灰硅酸盐水泥采用黑色。

散装运输时应提交与袋装标志相同内容的卡片。

604. 袋装水泥每袋含量的规定是什么

水泥可以袋装和散装，袋装水泥每袋净含量为 50kg，且不得少于标志质量的 98%；随机抽取 20 袋总质量不得少于 1000kg。

605. 散装水泥的专用设备有哪些

散装水泥的专用设备有容器罐、中转库等。将水泥灌入专用车辆或船只的容器罐中，然后直接运送到施工现场卸出使用，或者送到中转库储存待用。

606. 散装水泥的优、缺点分别是什么

优点：

（1）劳动生产率高，节约人力，改善劳动条件；

（2）节约大量制造包装纸用的木材，节约包装费用，降低水泥生产成本；

（3）由于用密封的容器运输，水泥损失量可降到0.5%；

（4）散装水泥由于储存于密封的库内或容器中，与空气的接触面积小，尤其阴雨天不易受潮，确保了储运质量。

缺点：需要专门的运输设备，对零星分散的小批量用户不方便。

607. 水泥发运系统的发展趋势是什么

（1）发展散装水泥。

（2）发展散装水泥集装箱。

（3）发展散装水泥中转站。

（4）发展散装水泥库底装车。

（5）发展自动化包装机。

（6）发展火车装车设备。

（7）发展袋装水泥的集装运输。

（8）加大发运能力，不设成品库。

608. 水泥包装机如何分类

水泥包装机可分为两大类：一类是固定式，另一类是回转式。

609. 与固定式包装机相比，回转式包装机的优点是什么

（1）劳动条件改善，粉尘易于控制；

（2）插袋地点和卸包地点固定在一处，每包间隔时间相等，水泥袋不会在皮带上重叠；

（3）便于实现插袋自动化和装运摞包自动化；

（4）包装能力强，劳动生产率高。

610. 回转包装机可分为几种类型

回转包装机可分为3种类型：充气流态化灌装水泥的回转包装机、多叶轮强迫灌装水泥的回转式包装机、单叶轮强迫灌装水泥的回转式包装机。

611. 充气流态化灌装水泥的回转包装机的优、缺点分别是什么

优点：结构简单；电动机少，电动机容量小；磨损件少。

缺点：

（1）要用压缩空气充气；

（2）水泥中有空气，进入袋内要排气，因而装袋速度较慢；

（3）纸袋规格较大，耗费纸较多；

（4）作业粉尘较大，不仅要做罩抽吸，而且要有较大的除尘器。

612. 多叶轮强迫灌装水泥的回转式包装机的优、缺点分别是什么

优点：

（1）无须充气，外形尺寸较小，布置紧凑；

（2）扬尘小，收尘器小；

（3）每个嘴连同称量传动，独立自成单元，可以在有故障时被整体拆换；

（4）可以用每组单元任意改装为各种规格和形式的包装机，通用性强，便于维修；

（5）单位能力设备质量和装机质量比国产充气式轻；

（6）装机容量虽大，但实际用电量比充气式多不了多少。

缺点：磨损件和备件较多；电动机容量较大。

613. 单叶轮强迫灌装水泥的回转式包装机的优、缺点分别是什么

优点：

（1）无须充气，外形尺寸较小，布置紧凑；

（2）扬尘小，收尘器小；

（3）结构比多叶式简单，维修简单方便；

（4）相对来说，同样机体，灌装能力最大。

缺点：

（1）全部靠一个叶轮灌水泥，叶轮磨损较大；

（2）可靠性不及多叶轮强迫灌装；

（3）运转率相对较低。

614. 什么是集装法

集装法就是一种将一定数量的袋装水泥堆砌在托盘上或用编织袋、塑料薄膜包裹起来，变小包为大件的一种发运方式。

集装法可分为托盘集装发运、塑料编织袋集装发运和热塑包装集装发运 3 种方式。

615. 水泥的出库要求有哪些

水泥应严格按化验室的出库通知单、按比例搭配出库。按比例搭配后，多库同时混合包装，可提高水泥的均匀性和稳定水泥的质量。包装水泥由低强度等级改为高强度等级时，要充分合理地进行洗库，确保无余灰后方可改变品种。

616. 为什么要推广散装水泥

散装水泥是水泥从出厂、运输、储存到使用都不用纸袋包装，而且包括各种运输工具从水泥厂运往中转库和使用单位。与袋装相比，散装具有提高水泥装卸机械化水平，节省劳动力；减轻劳动强度，改善劳动条件；节约大量的包装纸和木材；节省包装费用，降低水泥成本；减少水泥损耗，确保水泥质量等优点。推

广散装水泥是增加生产、厉行节约的一项有效途径，又是解决水泥生产不断增长和包装供不应求矛盾的一项具体措施。推广10000t散装水泥，可节约包装约60t，折合木材330m³。

617. 国家标准对出厂水泥编号是如何规定的

国家标准规定，水泥出厂编号按水泥厂年生产能力编制：

120万t以上，不超过1200t为一编号；

60万～120万t，不超过1000t为一编号；

30万～60万t，不超过600t为一编号；

10万～30万t，不超过400t为一编号；

4万～10万t，不超过200t为一编号；

4万t以下，不超过100t和3d产量为一编号。

618. 对水泥包装袋材料有什么技术要求

（1）制袋材料对水泥强度无不良影响。

（2）纸袋应由4层或4层以上符合《纸袋纸》（GB/T 7968—2015）或3层或3层以上符合《伸性纸袋纸》（GB/T 24287—2009）要求的纸袋纸制成，允许增加再生纸，但不得加在最外层或最里层。

（3）各类编织材料必须复合成复合材料。

（4）覆膜塑编袋应有内衬纸，其编织布覆膜技术要求及物理性能应符合《塑料编织袋通用技术要求》（GB/T 8946—2013）。

（5）其他材料袋的材料应符合相应材料标准的要求。

（6）水泥包装袋如有内衬纸，则必须使用纸袋纸。

（7）牢固度：水泥包装袋的力学性能以牢固度表示，其数值以跌落试验不破次数表示。

（8）外观：平整、无裂口、无脱胶、无粘膛、印刷清晰。

（9）适用温度：包装袋适用温度指包装袋包装水泥时水泥的最高温度。包装适用温度依材料而定，除纸袋以外，其他材料袋均需通过试验确定，其适用温度要求不得低于60℃。

（10）防潮性能：水泥包装袋潮湿性能分A、B两级。水泥包装袋防潮性能不得低于B级。

619. 包装机开机前的对外联系工作有哪些

（1）班长与质量调度联系下达通知单，明确本班生产水泥的品种、强度等级、出厂编号、库号和放库搭配比例；

（2）与纸袋库联系，配备所需纸袋，并核对无误；

（3）通知站台或装车人员做好接包准备；

（4）与电工联系送电。

620. 什么是固定式包装机

固定式包装机就是在包装袋灌装水泥的过程中，机器本身与包装袋均不动。

621. 什么是回转式包装机

在向包装袋灌装水泥的过程中，包装袋随包装机做回转运动，每转一周完成一袋水泥的包装。

622. 回转式包装机的灌装工作原理是什么

回转式包装机均为流态化充料方式，即机内水泥靠压缩空气松动后，具有良好的流动性，在料位差的作用下通过出料嘴灌入水泥袋内。在回转包装机中有采用流态化充料与机械强制输送料灌装两种方式。

623. 8 嘴回转式包装机的工作原理是什么

包装用的水泥物料由斗式提升机输送给振动筛，经其筛除水泥中杂物后，进入中间仓存储。中间仓存储的水泥物料经手动螺旋闸门调节流量、给料机均匀给料后，通过软连接进入包装机入料装置，水泥物料由此进入包装机。

8 嘴回转式包装机采用筒体中心入料。水泥物料由入料装置经主传动空心轴进入包装机回转料仓，料仓内有料时均匀分布料。料仓的料位控制由音叉式料位发信器控制给料机的开停来实现。料仓的回转速度采用变频调速，调速范围为0～6r/min，回转为俯视顺时针方向。

回转料仓的水泥物料进入出料斗壳体，在高速旋转的叶轮作用下强制连续灌装。整个灌装过程为机电一体控制，无须任何气动元件。除人工插袋外，水泥袋压袋、闸板启闭、灌装、称重计量、定点掉袋等功能均可自动完成。8 嘴各有一电器控制箱，箱内装有微机控制系统。控制箱由供电滑环供电。

人工插袋后，通过内撞块与闸板控制机构撞块相碰实现定点开启闸板，灌装开始。

624. 8 嘴回转式包装机如何进行日常维护保养

（1）经常检查称量机构，如有称量精度超差，应即时调整。

（2）经常清扫装袋机构，不应有擦、靠、托、卡等现象。每班后应将电动机及其他部位的落灰清除干净。

（3）灌装系统的油杯应经常检查，并加满润滑脂。主轴叶轮的内侧采用聚四氟乙烯石棉盘根密封，不需加任何润滑油，如发现漏料，应及时调整或更换盘根。

（4）拆装一次袋架上的弹簧片，必须重新进行静态、动态称量标定。

（5）闸板密封填料不要压得过紧，以免影响闸板开关的灵活性。如发现闸板有卡紧现象，要及时调整或更换新填料。

625. 如何检查运行中的输送设备

（1）检查皮带输送机运转是否平稳，有无跑偏、打滑现象，接头处有无破裂现象；滚筒托辊运行是否良好，各轴承、电动机、油冷电动滚筒的温度是否正常，有无过热及异常振动；清扫器是否有效，有无脱落。

（2）检查转弯辊子机运行是否平稳，传动链条有无缺油、卡链、脱链、断链现象，轴承、减速机电机温度是否正常。

626. 掉袋机构的调整方法是什么

（1）调整掉袋销头高度位置，使其与销轴中心线在同一水平面上；

（2）调整夹袋器，当掉袋销头压在销轴上时，出料嘴不应与夹袋器碰撞，应留有包装袋厚度 1/2 的间隙，并使夹袋器的锯齿齿尖向内，决不能反装。

627. 掉袋控制机构的调整方法是什么

（1）调整袋控制机构上、下导轨位置，使其与出料机构滚轮和掉袋滚轮的位置相适应，使掉袋机构能准确地做出掉袋或不掉袋动作；

（2）当上导轨被出料滚轮抬起时，摆臂应摆开摇臂，使摇臂处于浮动状态。

628. 怎样计算包装机的日产量、班产量、台时产量

日产量为包装机 1d 内 3 个班的班产量总和。

班产量（总吨数）＝本班包装数/20 袋

回转式包装机的台时产量：

$$Q = 0.06nZG$$

式中 Q——台时产量（t/h）；

n——回转筒转速（r/min）；

Z——包装机嘴数；

G——每袋水泥质量（kg）。

若每袋水泥 50kg 则 $Q=3nZ$。

班产量＝包装机台时产量×运转时间

4.2 中级工/四级

629. 嘴回转式包装机的技术性能是什么

生产能力为 120t/h，包装机的转速为 0～6r/min，单袋质量误差为±0.5kg，连续 20 袋总质量≥1000kg。所用电机型号为 Y112M-4、功率 4kW。主驱动减速机型号为 BLD_4-59-4。整机收尘风量为 10000m^3/h，出料电动机转速为 1440r/min。

630. 嘴回转式包装机的安全操作规程是什么

（1）回转式包装机的操作者应身穿工作服，戴防尘口罩，禁止戴手套。

（2）包装机在开机前，要观察工作场地及机器四周。清除影响工作的障碍物，包装机顶部不准留有异物，开机时除插袋工外，围板内严禁站人。

（3）开机前观察变频调速装置的变频数值，并缓慢开机。包装机必须按规定方向旋转，一般为俯视顺时针方向。工作中发现异常时应立即停车检查。停车排除故障前必须切断电源，并挂警示牌或派专人看护，以免机器突然转动发生人身伤亡事故。

（4）插袋时人体不能距机器过近，以防刮伤碰伤。

（5）包装袋尺寸必须符合《水泥包装袋》（GB 9774—2010）的规定，工作中不准手按、脚踢包装袋及称量机构，以免造成袋重不准。微机静态标定应定期进行。

（6）在交接班时应检查每个出料口的动力系统、控制机构是否有异常情况，如有问题必须即时维修，禁止带病运行。

（7）电器接地线保护要安全可靠，并经常用兆欧表检查绝缘情况，发现异常及时处理。

631. 嘴回转式包装机的润滑要求有哪些

（1）每班在开车以前，必须对有润滑脂油杯和油孔的部位，用黄油枪加注润滑脂；

（2）新投入使用的包装机在运转一周后应清洗减速器并更换新油。每运转1000h更换一次。在日常生产中应随时观察油位高低，及时补充加注新油，加油量不应低于或高于油孔基线；

（3）各油封或密封若有渗漏应及时检修。包装机正常工作18～24个月应大修保养一次；

（4）出料机构动力头主轴用钙基润滑脂润滑，每周至少加润滑脂两次；

（5）主传动装置两端的滚动轴承座在中修、大修时要换一次润滑脂；

（6）主传动装置所采用的减速器应按原生产厂说明书润滑；

（7）润滑部位、润滑油种类及润滑周期应符合设备润滑表的规定。

632. 回转式包装机橡胶软管开闭不灵的原因及处理办法分别是什么

原因：

（1）橡胶软管失去弹性；

（2）橡胶软管压板螺钉松脱。

处理办法：

（1）更换橡胶软管；

（2）上紧压板螺钉。

633. 回转式包装机滚轮自由进出的原因及处理办法分别是什么

原因：定位弹簧变软或折断。

处理办法：更换弹簧。

634. 回转式包装机出料不畅通的原因及处理办法分别是什么

原因：

(1) 异物堵塞出料口或出料管；

(2) 停机时间较长，水泥堵塞出料口；

(3) 充气气压低，流态化不好。

处理办法：

(1) 清除异物；

(2) 用细棒或压缩空气疏通出料口；

(3) 加大充气压力。

635. 回转式包装机掉袋不灵的原因及处理办法分别是什么

原因：

(1) 掉袋控制机构的掉袋导轨下沉；

(2) 出灰口弯管吻合面太紧。

处理办法：

(1) 调整掉袋导轨的位置；

(2) 调整吻合面间隙。

636. 回转式包装机跑袋的原因及处理办法分别是什么

原因：

(1) 夹袋器位置过高；

(2) 插袋过线。

处理办法：

(1) 调整夹袋器位置；

(2) 改进插袋操作。

637. 回转式包装机破袋多的原因及处理办法分别是什么

原因：

(1) 打袋位置和时间不正确；

(2) 打袋臂转动不灵活。

处理办法：

(1) 调整打袋臂位置；

(2) 检查、更换打袋臂的弹簧。

638. 回转式包装机筒满溢灰的原因及处理办法分别是什么

原因：

(1) 转筒的料位控制器失灵；

（2）出料气动阀门的工作缸动作失灵；

（3）供气压力不足或管路严重漏气，造成出料气动阀门动作失灵。

处理办法：

（1）检查、修理料位控制器；

（2）修理或更换活塞环；

（3）检查、修理供气系统。

639. 回转式包装机包装质量不稳定的原因及处理办法分别是什么

原因：

（1）称量系统配重不当；

（2）出料机构失灵。

处理办法：

（1）根据检验结果调整称量机构平衡锤砝码；

（2）检查或调整出料机构，检查有无异物堵塞。

640. 回转式包装机轻包和灌装不进去的原因及处理办法分别是什么

原因：

（1）包装机转速不当；

（2）纸袋规格选择不当；

（3）流态化状态不好。

处理办法：

（1）调整转速；

（2）改用适当纸袋；

（3）加大充气量。

641. 如何检查运行中的水泥库底设备

（1）检查各下料点的下料情况；

（2）检查皮带输送机或斜槽地脚螺栓是否松动，风机内有无异常声音，是否有异常振动，阀门开向是否正确，有无反转；

（3）检查各设备的电动机、减速机、轴承温度是否正常（一般不超过60℃），润滑剂是否变质、短缺；

（4）检查罗茨风机、空气分配器出口风管阀门是否打开，有无反转，地脚螺栓是否松动；

（5）检查分配器上的油杯是否有油，链条是否过松、断裂或脱链，每班需加机械油润滑；

（6）检查收尘器有无杂音，振打清灰装置是否有效；

（7）检查叶轮给料机工作是否正常，有无冒灰现象；

（8）检查各电流表指示有无突然摆动，是否超负荷。

642. 回转包装机的日常维修要求有哪些

回转式包装机的维修每周不少于一次，主要维修内容有：

(1) 回转筒内的搅拌叶片、充气孔的阀片、密封过滤材料的检查、清洗与更换。

(2) 灌装控制系统的滚轮、轴承、小轴与掉袋系统的托轮、轴承、小轴；出料嘴座的传动部分的轴承、小轴的检查、清洗与更换。

(3) 出料系统软管的更换。

(4) 称量系统的调整与检查。

(5) 供气管道与控制开关的检查。

(6) 掉包盘与篦冷机的检查与维护。

643. 水泥行业各类包装设备的优、缺点分别是什么

在水泥行业中，包装设备可分为固定式包装机和回转式包装机。这两种包装机又分为全自动，半自动和人工操作等工作形式。

固定式包装机多为机械装填物料，即由机械设备将流态化的水泥靠重力和挤压灌装到水泥袋内。这种包装机的灌装与计量可同时进行并能自动定量，是半自动包装机。经改进后可自动套袋和卸袋或部分自动卸袋，其定量部分也可采用拉力传感器微电计量，但是都需要有工人现场操作，在水泥粉尘环境下长期工作会对人体健康产生危害。如果完全实现自动化，则可减轻工人劳动强度，也可减少粉尘对人体的危害。

回转式包装机是灌装、计量、自动卸袋同时进行的半自动化包装机，以气体流态化方式填充物料，它因台时产量高而适用于大、中型水泥企业。如果配备附属自动套袋装置，则可形成全机组的自动生产。但是，因回转式包装机组为高速运转（一般转速可达 0～6r/min），要求操作者精心操作，否则会漏插或误插，影响包装机的生产能力；又因工人插袋多数是两个人同时进行，搞自动套袋要比固定式难度大些，同时回转式包装机的造价和对水泥的要求比固定式高。

644. 水泥粉尘的危害性是什么

(1) 污染工作环境、危害职工身体健康，这是水泥企业发生尘肺病的主要原因之一；

(2) 大气环境污染会影响水泥企业周边地区居民的身体健康和农作物的生长；

(3) 污染机器设备，加剧机器设备部件的磨损，降低设备的使用周期和降低工作效率；

(4) 粉状物料飞扬会对生产造成巨大损失，累计经济损失对水泥生产成本造成很大影响。

645. 影响包装袋破损的因素有哪些

（1）水泥袋加工本身存在不足，缝合不符合要求，装料前已先破裂，拉力和强度不够，不能承受热料冲击，灌装未满即掉袋或破损；

（2）水泥袋潮湿，水泥严重变质，已达不到规定要求；

（3）袋嘴口不符合要求，造成跑袋或插不到位；

（4）出料嘴、压袋胶块磨损严重，跑袋多，有丢失损耗；

（5）出料嘴严重磨损，刮伤、刮坏水泥袋，或皮带机溜板磨损，严重划刮水泥袋造成破损等；

（6）水泥包与掉包盘间距离过大或掉袋位置不准确；

（7）人为损耗，跑袋、半袋不重新灌装；

（8）操作方法不当。

克服上述问题即可达到降低水泥袋破损的目的。

646. 影响回转式包装机产量的因素有哪些

（1）对产量的要求，包装机嘴数一定时，提高转速将提高包装机的台时产量；

（2）工人插袋技术的熟练程度决定回转式包装机的合理转速调整，要求避免漏插和误插；

（3）散水泥的细度、密度和水分等物理性能影响着水泥的流化程度，料位的高度也就在一定程度上影响着包装机的速度，因此回转式包装机必须满足袋装水泥的合格要求。

647. 称量机构调整的方法是什么

（1）调整平衡重锤配重时，当袋装水泥灌至要求重量时，称量杆应迅速下沉，脱开称量机构的销口，立即关闭出料机构；

（2）在调整刀口支架的上、下限位螺钉时，不应扭得过紧，应留有一定的间隙，使其既能起到定位作用，又能保持刀口支承处的活动灵敏可靠。

4.3 高级工/三级

648. 回旋式包装机出现轻包或灌满不掉袋的原因及处理办法分别是什么

原因：

（1）包装机回转速度过快；

（2）罐内料位低，料位压差不足；

（3）出料嘴有异物，挡住出料或出料不畅；

（4）水泥颗粒流态化不够好，即充气压力不足等；

（5）掉袋机构掉袋不灵，使包重超过额定标准；

（6）包装袋规格选择不当，未按国标要求采用统一包装袋或个别袋子规格不合格。

处理办法：

（1）调整包装机回转速度，使之与装袋速度同步。

（2）当料罐内料位低时，达到一定料位压差再开机包装。

（3）当出料嘴内有异物时，要及时进行疏通。

（4）当水泥颗粒流化不好时，应加大充气压力。

（5）调整掉袋导轨位置，避免其下沉导致掉袋不灵。

（6）调整出料弯管吻合面的间隙，使其松紧适度，避免过紧导致掉袋不灵。

（7）改进水泥袋，使之符合新国家标准的要求。发现个别袋子规格不合要求时，应立即予以撤换，防止灌满不掉袋。

649. 固定式包装机主轴损坏的原因及处理办法分别是什么

原因：

（1）主轴磨损；

（2）主轴变形；

（3）主轴断裂。

主要是由于主轴上没有轴肩，转速又高，在主轴上除固定有板座与轴承套外，还有皮带轮、联轴节等零部件，配合部位较多，要求固定可靠、定心定位准确，一旦出现卡碰或松动，就会出现轴颈乃至主轴大范围磨损、变形。另外，滚动轴承是依靠紧动套在主轴上紧固的，其轴向定位依靠紧动套在主轴上自由选定与调整，轴承与主轴之间的任何松动都能导致轴与套的磨损，甚至导致轴的破坏。

处理办法：

（1）主轴磨损、变形的修复；

（2）刮板座与轴配合松动的修复；

（3）调整轴承与主轴的配合；

（4）主轴严重磨损或断裂时的修复。

650. 包装机主轴不运转的原因及处理办法分别是什么

原因：

（1）减速机配套电动机无电源；

（2）减速机配套电动机损坏；

（3）减速机损坏；

（4）包装机有卡阻现象。

处理办法：检查主控柜供电电源及接线；检查电动机，必要时进行更换；检查减速机，必要时更换；检查齿轮传动及其他部位。

651. 回转式包装机水泥袋不掉袋的原因及处理办法分别是什么

原因：接近开关处故障；掉袋电磁铁失灵；调节拉杆位置变化；滚轮与卡块啮合不当。

处理办法：检查接近开关和感应片的位置，必要时更换接近开关；检查合电磁铁工作情况，必要时更换；重新调整调节拉杆长度，以满足掉袋要求；重新调整滚轮、卡块啮合位置，如磨损严重，予以更换。

652. 回转式包装机中心入料的特点是什么

（1）中心入料使整机运行平稳，减少动态振动，给计量称重创造良好的条件；

（2）中心入料便于供电线路在回转料仓体外布置，与侧入料内部布置相比，线路不易过热，便于检修；

（3）侧入料料仓上盖和筒体分体，其间需要密封，密封不严时顶部溢料，造成对环境的污染。中心入料料仓上盖和筒体为一体，不存在上述问题。

653. 回转式包装机采用单嘴控制有何特点

（1）出料嘴不插袋，不进行灌装；

（2）定点掉袋，不达质量不掉袋，可进行二次灌装，直至灌装达到设定值，回到掉袋位置，实现定点掉袋；

（3）包装袋意外脱落，闸板迅速关闭，避免溢流。

654. 包装机使用性能保证的前提是什么

（1）设备安装符合供方技术要求，并经供方调试合格；

（2）包装供料系统及输送设备运转正常；

（3）水泥物料供应充足，符合包装要求，仓压稳定，不断料；

（4）插袋工操作熟练，不漏插。

655. 包装机负荷试运行有哪些注意事项

（1）空载试运行完成后，在具备负荷试运行的条件下，进行负荷试运转。

（2）在负荷试运转过程中，机械部分应运转灵活，无明显振动，各部分动作协调，轴承温升不超过40℃。电气控制动作准确无误。

（3）包装机负荷试运转过程中，应无漏电、无漏灰，生产能力及称量精度满足性能要求。

（4）对微机称量装置进行校验、调整，使之保证称量精度要求。

（5）调整微机控制系统，使整个灌装过程协调联动，满足要求。

（6）调整闸板控制机构，确保水泥物料不跑冒。

（7）根据粗细流转换点及掉袋位置的调整，应重新调整接近开关感应片的固定位置。

(8) 检查包装机回转料仓中的音叉料位发信器工作是否正常。

(9) 负荷试运行正常后，按供货合同的规定进行达标试产，在满足生产能力及称量精度等有关合同规定后，供需双方可进行设备验收。

656. 如何做好包装机各岗位开机前的准备

(1) 检查各润滑点、润滑剂是否在规定范围内，是否漏油及观察油质情况；

(2) 检查并确认生产用水已供及管道畅通；

(3) 检查并确认压缩空气管道畅通，无漏气或破裂；

(4) 检查确认各收尘管道上的闸阀和各风机、空气分配器、罗茨风机上的锁风阀、库底手动气动、电动阀动作灵活、可靠；

(5) 检查确认输送斜槽、卸料器、收尘管道、下料管道、螺旋输送机畅通无杂物；

(6) 检查确认各设备上的链条松紧适宜，有润滑油，无断裂、破损；

(7) 确认振动筛、斜槽风机和罗茨风机的吸尘罩、收尘器布袋无破损和已挂牢；

(8) 检查确认提升机无掉斗、脱链和螺栓、销子无断裂现象；

(9) 检查确认各检修门、观察孔以及螺旋输送机密封良好，并关闭各风机的进口阀门；

(10) 检查胶带输送机、三角皮带松紧程度，确认接头无损坏；

(11) 检查并清理各风机机壳内和叶片上的积灰；

(12) 确认空压机、收尘器喷胶管无破损，包装机和中间仓充气管无破损；

(13) 检查确认包装机、掉袋机构动作灵活，并确认控制阀、下料锥阀动作灵活；

(14) 确认干燥器、冷却器、缓冲缸、储气灌工作正常，打开放污阀，放出积水；

(15) 确认安全阀工作正常，关闭空压机上的减荷阀；

(16) 确认收尘器控制阀、各电流表、电压表、水压表、气压表、油压表、温度计准确可靠；

(17) 确认包装机胶管、机底部无积灰和积水；

(18) 检查确人提升机链条松紧适宜，调整顶丝位置适宜；

(19) 检查确认各设备、部件的地脚螺栓、连接螺栓、固定螺栓无松动、断裂。

657. 如何检查运行中的包装机房设备

(1) 检查各电动机、减速机、各轴承运转情况，有无异常声音，有无异常振动，有无过热和缺油、漏油现象，地脚螺栓的紧固情况。

(2) 检查回灰铰刀有无擦壳、振动，联轴节螺栓是否松动或断裂，油杯内是否有油，油管是否畅通。

（3）检查提升机有无刮壳子，有无异常振动，电流表指示是否平稳。

（4）检查包装机控制掉袋、称量机构零部件动作是否灵活，橡胶管喷嘴有无破损。

（5）检查包装机包装水泥袋重是否合格并及时进行调整。

（6）检查振动筛运转是否平衡，进出料情况。

（7）检查收尘器的脉冲阀、电磁阀的工作情况和风机、电动机、回灰螺旋输送机的运行情况。

（8）检查所有的供风管道、卸料管道有无破裂，有无漏灰、漏风现象。

658. 14嘴包装机的构造是什么

14嘴包装机主要由转筒、主传动装置、灌装机构、搅拌器、空气管道和围壁等组成。

659. 14嘴包装机的工作原理是什么

包装机回转部件用主轴悬吊在楼面的机座上，主轴的上端与传动装置相连，当可调速的电动机转动时，通过减速机和主传动箱带动主轴与固定在主轴下端的转筒按顺时针方向（由顶部向下看）做回转运动。

包装机的灌装机构与转筒一起回转，每只出料嘴在回转一周的过程中，由工作台的导轨控制，按程序做出灌装的各项动作，完成一次水泥的灌装工作。

经过筛析后的水泥送入转筒后，在转筒内的搅拌器和压缩空气作用下，呈现流态化状态，流态化了的水泥可以从出料嘴顺畅地流进纸袋。

660. 包装系统工艺设计的一般知识是什么

（1）包装系统工艺设计应具有先进性；

（2）工艺流程布置合理、紧凑、占地面积小；

（3）通风性良好；

（4）有充足的生产、生活用水，排水合理；

（5）防火、消防设施及安全装置齐全；

（6）电气部分布局合理；

（7）除尘设备齐全、先进，布局合理。

661. 水泥企业减少扬尘、污染、文明生产的手段有哪些

（1）减少扬尘、污染、文明生产应先从基础工作做起；

（2）在水泥包装系统设备做好“跑、冒、滴、漏”的密封和清堵工作，如输送、分析设备要做到无跑、冒、滴、漏和扬尘现象；

（3）做好收尘设备管理工作，提高收尘效率，保证收尘设备始终处于良好状态；

（4）因地制宜采用新技术、新密封材料，推广或应用新型收尘设备或新技术，以达到减少扬尘或无扬尘、少污染或无污染的目的。

662. 包装系统设备改造和新装设备的试车、验收工作有哪些

（1）设备技术资料齐全，并与实际相符；

（2）有防尘、除尘设施和消防、生活用水等配套设施；

（3）设备防护、安全装置齐全、合理；

（4）符合主要的技术规范要求，技术数据准确，可指导生产；

（5）符合水泥包装的工艺要求，技术先进，便于操作和维修；

（6）技术资料检查核对完后，应到现场进行全面的检查；

（7）按照设备的技术要求进行空负荷、带负荷试车，以保证设备的正常运转；

（8）根据设备运转试车技术要求，试车结束后，设备制造单位向使用单位和岗位移交设备并由使用单位进行验收。

663. 水泥袋重不合格的常见现象的产生原因及处理办法分别是什么

（1）水泥包装重量不稳定。

产生原因：

① 称量机构调整不当；

② 出料机构失灵。

处理办法：

① 根据检验结果调整称量机构；

② 检查出料机构有无异物堵塞出料口和出料嘴，并进行疏通或根据现场情况重新调整出料机构。

（2）轻包或灌装不满。

产生原因：

① 包装机转速不当；

② 纸袋规格不当；

③ 水泥流化程度不够。

解决办法：调整包装机转速至适当；选择合适的包装袋；适当调整充气压力或更换充气盘透气层。

664. 影响回转式包装机生产能力的因素有哪些，如何调整或排除

（1）设备本身存在的问题和配件磨损，暴露零部件灵活性能降低等。要认真做好设备的结构、部件的润滑清洁工作，及时更换优质零部件，调整好机构的正确位置，确保不存在隐患。

（2）提高操作人员的技术水平，使操作者熟悉易损部件的性能和构造，做到熟练操作，免除损害机件和包装机的误动作，保持设备运转正常。

(3) 加强供料工序与包装机的联系，使供料均匀，回转筒体内料位持续保持恒定，使供气的气压、气量稳定，保证灌装速度。

(4) 与下道输送工序结合好，避免意外停机，经常停机不仅影响包装机的运转率，也会影响供料的均匀控制，从而降低灌装速度。

(5) 散水泥的杂质和渣粒、铁粒等会影响包装机的正常生产，应认真抓好筛析设备的正常运行和筛析质量，定期检查回转筛筛底、搅拌叶间隙，清理杂物，及时更换空气过滤布等，以保证散水泥洁净。

5 水泥散装

5.1 初级工/五级

665. 散装水泥装车岗位职责范围是什么

(1) 拉车机的使用和维护保养;

(2) 散装车、下料器及输料管、风压管的使用和维护保养;

(3) 罗茨风机的使用和维护保养;

(4) 空压机的使用和维护保养。

666. 散装机装车前应做哪些检查和准备工作

(1) 检查牵引钢丝绳是否断股和严重断丝;

(2) 检查牵引钢丝绳的固定和抱闸等情况;

(3) 检查各风管和管道的通风情况，闸阀、转阀、下料管有无损坏和积灰;

(4) 按巡检表要求认真检查岗位所属设备的运转状况。

发现问题时要及时处理，并汇报给班组长和工段长，处理完毕后方能开车。

667. 散装水泥岗位的小修内容有什么

散装水泥岗位的小修包括:

(1) 更换转阀、汽缸;

(2) 更换蛇形下料管;

(3) 更换拉车机牵引钢丝绳;

(4) 更换散装机钢丝绳;

(5) 更换伸缩套;

(6) 更换收尘袋。

668. 散装水泥岗位常用润滑剂的种类及润滑部位有哪些

散装水泥岗位常用的润滑剂有：多效锂基润滑脂、N68 机械油。

润滑部位：滑轮、支承托辊、蜗轮箱、减速机、罗茨风机油箱等。

669. 影响散装水泥出库、输送和装车的主要因素有哪些

(1) 空压机的风压未达到规定的压力或罗茨风机未达到规定的压力;

(2) 输送管道堵塞，影响水泥出料量和装车速度;

(3) 库存量不够。

670. 散装机的操作程序是什么

（1）检查散装车的卸料口是否关闭；

（2）按“下降”按钮，到位后自动关闭；

（3）按“风机开”按钮，启动收尘风机；

（4）按“卸料”按钮，打开卸料阀；

（5）按“送风”按钮，打开卸料阀；

（6）“料位”红灯亮后，按“停风”按钮，面板上延时表开始计时，时间到后自动关上卸料器；

（7）停空压机；

（8）按“上升”按钮，提起卸料头；

（9）按“收尘停”按钮，装车完毕。

671. 散装机的操作注意事项有哪些

（1）开机前检查通气控制线路是否灵敏，当发现异常情况时要及时断电，并检查产生的原因。

（2）在装料操作时，务必注意把散装头对准罐口；否则，锥阀有可能下降不到规定距离或阻滞位，这样，散装头卸料不畅通，发生堵料事故。

（3）当装料时突然出现极大的扬尘，说明排料不畅通，有可能发生堵料、溢流事故，应马上停止下料，千万不要立即提升散装头。

（4）当锥阀已下降、钢索已松弛时，卷扬机必须停止，以防钢索过于松乱而发生事故。因此，在操作时要注意松绳开关是否失灵。

（5）当操作罐车装料时，如发生溢料，不要惊慌，马上停止下料，千万不要在散装头内积满了水泥的情况下提升散装头，否则会损坏伸缩套。

672. 散装水泥岗位拉车机的使用维护方法是什么

（1）操作者必须熟悉拉车机的性能，并由专职人员操作。

（2）操作者应经常检查减速机的油位高度，及时添加经过过滤的润滑油。

（3）拉车机在运转过程中有异常声响时，应立即检查原因，情况严重时应停止使用。在正常情况下，每月应至少检查一次减速机齿轮啮合情况。

（4）全面检查工作每年不得少于一次，主要检查润滑油的质量即润滑油的氧化、分解强度、清洁状况等，并检查齿轮面有无麻点、擦伤、胶合等现象和齿轮、轴承的磨损情况，全面检查确定可以继续使用后，应将各零件清洗干净，并注入合格的润滑油。

（5）操作者应经常注意油温和轴承温度，并保持外表清洁。

673. 散装水泥岗位小修的技术要求是什么

（1）滑动轴承：每周检查一次，加油一次。

（2）滑轮、支承托辊：每周检查一次，每月加油 1～2 次。

（3）减速机：每周检查一次，以油尺一道以下加油。

（4）罗茨风机：每周检查一次，以油窗中心线以下加油。

674. 提高散装水泥出库、输送和装车的主要途径有哪些

根据影响散装水泥出库、输送和装车的主要因素，提高散装水泥生产的途径有：

（1）散装水泥的风压应控制在合理的数值内，即风压要在0.15MPa左右；

（2）平时要注意清理输送管道内的杂物；

（3）要保持适宜的库存量。

5.2　中级工/四级

675. 水泥散装系统由哪些主要设备构成

水泥散装系统主要由卸料装置、拉车机、散装机、罗茨风机、空压机、收尘器等组成。

676. 散装机由哪几部分组成

散装机主要由收尘系统、振动机构、升降装置、内外软管、散装头、锥阀、料位探头、电气控制台等部分组成。

677. 散装机的工作原理是什么

当散装水泥车在罐口对准下料锥体后，由散装头升降系统放松内外软管，将散装头外锥体紧落于散装车罐口上，锥阀随之打开，然后气动阀开启开始下料，使水泥从内软管通过内锥体进入汽车罐内，同时收尘系统的风机开启，使内外锥体及汽车罐口处形成负压，把车罐内飞扬的含尘气体经散装头外软管吸入收尘器进行收尘，净化后的干净气体通过风机排入大气。当料装到足量时通过控制系统自动停止装料并关闭风机，电振器振动使收尘袋滞留的水泥落下，经内外软管之间仍落入汽车罐内，最后散装头提起，装车完毕。

678. 卸料装置的组成和工作原理是什么

卸料装置由散装水泥仓、仓底多孔板、风管、卸料器和蛇形输料管组成。

工作原理：以风为动力，当风机经过多孔板向料仓充气后，使物料呈流态化，再利用物料的自身重力，经卸料器和蛇形管、散装头，将物料送入散装车内。

679. 拉车机的组成和工作原理是什么

拉车机由电动机、减速机、摩擦轮、电机支座等组成。

工作原理：电动机通过弹性联轴器带动减速机，减速机带动固定在减速机输出轴上的摩擦轮。当电动机正反转时，减速机带动摩擦轮，驱动缠绕其上的钢丝

绳牵引散装车，从而实现双向调车的目的。

680. 散装头的构造是什么

散装头由卸料内管、内外软管、散装头卷扬系统组成。

散装头适用于将粉状物料从库中装到散装汽车、火车罐中，它把装料系统和收尘系统连为一体，消除装车时的扬尘污染，工作效率高，能达到装车过程的自动操作，可实现装车、收尘、计量的自动控制。

681. 水泥卸料器的钢丝绳的检验方法和报废标准是什么

(1) 直径减小：钢丝绳的表面钢丝磨损不超过40%，允许降低拉力继续使用，超过40%时报废；

(2) 结构破坏：钢丝绳出现整股断裂或绳芯被挤出，钢丝绳应予报废；

(3) 表面腐蚀：肉眼很容易看出钢丝绳的外表受腐蚀而形成的麻面时，钢丝绳应予报废；

(4) 超载：超载使用过的钢丝绳，不得再继续使用。有必要时，应经过破断拉力试验，根据试验情况降级使用。

682. 卸料器如何分类

卸料器是从水泥库或散装库卸出水泥的设备，无论对包装水泥还是散装水泥，它都是水泥供应的主要控制设备。

卸料器按安装部位的不同分为库底卸料器和库侧卸料器两种；按结构的不同分为人工机械卸料器、气动控制卸料器和电动控制卸料器。

人工机械卸料器是对仓内流出水泥加以人工机械控制，易造成供料的间断或涌出，很难定量控制供料；而气动控制配料器、电动控制卸料器可控制转阀的开度大小，以此控制流量大小，对水泥均化有较好作用。

683. 散装系统设备中修内容是什么

散装系统设备中修内容除了包括设备小修内容外，还应有：

(1) 清理散装仓；

(2) 检查、更换多孔板；

(3) 检查减速机内部齿轮、齿面情况和油质情况；

(4) 检查、清洗、更换各滑轮轴承及支承托辊；

(5) 更换卸料器；

(6) 检查、清理各部电动机。

684. 松绳装置的作用是什么

松绳装置起自动关闭升降电动机的作用。

685. 散装水泥仓（库）卸料不下料的原因有哪些

(1) 水泥凝固块或其他杂物堵塞；

（2）风管堵塞不进风；

（3）多孔板透气性差。

686. 电振器的作用是什么

电振器的作用是将收尘袋外层积灰振落，不让因积灰过厚而影响收尘效果。

687. 限位器的作用是什么

限位器的作用是自动控制散装头的上限、下限位置，保证设备的正常运转。

688. 拉车机钢丝绳常用的接头方法有哪些

拉车机钢丝绳常用的接头方法有：编织法、楔形套筒固定法、锥形套筒固定法、绳卡固定法和铝合金压头法。

689. 影响散装水泥输送能力和装车速度的因素有哪些

（1）水泥仓（库）的出仓（库）水泥不均匀，如忽大忽小或出仓（库）水泥结块较多，即不能保证均匀输送，容易造成斜槽堵塞。

措施：保证水泥均匀装入散装仓，及时清理结块。

（2）从水泥出仓（库）到输送散装仓中间设备失修，经常发生故障，运转率低。

措施：加强日常维护，按时检修。

（3）散装仓底透气性差，水泥不易形成流态化，影响装车速度。

（4）由于水泥中含有硬块或杂物，它们进入散装仓内，造成卸料器、下料管道部分堵塞，从而影响装车速度。

措施：加强前期管理，并注意随时清理卸料口和下料管道。

（5）散装仓在装车时风压过低，物料不能形成流态化。

措施：提高风压。

690. 如何更换钢丝绳

松开绳卡子（在锥阀内）并取下锥阀，卸下散装头上部的限位绳卡子，松开绳轮侧面两个压绳螺栓，抽出旧钢丝绳。新钢丝绳要先从上边滑轮处向下穿，通过内软管穿过锥阀，再用绳卡子固定绳头。让内软管散装头处于最长限度位置，再用一绳卡子在散装头上部使锥阀顶部距散装头下缘有 250mm 的距离固定，另一端通过钢丝绳轮上绕一圈截断穿进绳轮孔内压紧即可。

691. 如何调整松绳装置

调整时松开偏心套上的顶丝，将偏心调整到适当位置。

5.3　高级工/三级

692. 散装水泥生产管理的内容有哪些

（1）全日每班生产，装车的数量和质量；

（2）本系统内设备生产情况；

（3）散装仓库存料情况；

（4）散装车的空、重车信息及水泥仓出料情况；

（5）负责与有关领导和人员的生产联系等。

693. 散装水泥岗位设备管理的内容有哪些

（1）岗位安全操作规程；

（2）设备的三项标准；

（3）设备中小修项目的主要内容；

（4）岗位工职责范围等。

694. 散装系统大修、技术改造和新装设备试车验收应做哪些工作

（1）大修：试车验收前要对项目内容、技术记录进行检查，而后进行逐台设备的检查，检查无误后，按照操作规程和检修试车规程进行试车，确保没有任何问题或故障后交付岗位使用。

（2）技术改造和新装设备试车验收：要查设备技术资料，检查防尘、除尘设施及安全保护装置、工艺设备是否符合技术要求，然后逐台检查设备的安装情况并试空车，试运转检查调试，最后进行移交。

（3）无论是大修还是技术改造和新设备的试车验收，都必须执行设备验收的有关规定。

参考文献

[1] 国家质量监督检验检疫总局，国家标准化管理委员会. 水泥的命名原则和术语：GB/T 4131—2014[S]. 北京：中国标准出版社，2015.

[2] 国家质量监督检验检疫总局，国家标准化管理委员会. 通用硅酸盐水泥：GB 175—2007[S]. 北京：中国标准出版社，2008.

[3] 环境保护部，国家质量监督检验检疫总局. 水泥窑协同处置固体废物污染控制标准：GB 30485—2013[S]. 北京：中国标准出版社，2014.

[4] 国家质量监督检验检疫总局，国家标准化管理委员会. 特低电压(ELV)限值：GB/T 3805—2008[S]. 北京：中国标准出版社，2008.

[5] 国家质量监督检验检疫总局，国家标准化管理委员会. 纸袋纸：GB/T 7968—2015[S]. 北京：中国标准出版社，2016.

[6] 国家质量监督检验检疫总局，国家标准化管理委员会. 伸性纸袋纸：GB/T 24287—2009[S]. 北京：中国标准出版社，2010.

[7] 国家质量监督检验检疫总局，国家标准化管理委员会. 塑料编织袋通用技术要求：GB/T 8946—2013[S]. 北京：中国标准出版社，2014.

[8] 国家质量监督检验检疫总局，国家标准化管理委员会. 水泥包装袋：GB 9774—2010[S]. 北京：中国标准出版社，2011.